U0926657

情绪掌控术

恰当表现自己不失控

周广宇◎编著

中国物资出版社

图书在版编目（CIP）数据

情绪掌控术：恰当表现自己不失控/周广宇编著．—北京：中国物资出版社，2012.1

ISBN 978－7－5047－3965－0

Ⅰ．①情… Ⅱ．①周… Ⅲ．①情绪－自我控制－通俗读物 Ⅳ．①B842.6-49

中国版本图书馆 CIP 数据核字（2011）第 170149 号

策划编辑 王秋萍　　**责任印制** 方朋远

责任编辑 王秋萍　　**责任校对** 孙会香　饶莉莉

出版发行 中国物资出版社

社　　址 北京市丰台区南四环西路 188 号 5 区 20 楼 **邮政编码** 100070

电　　话 010－52227568（发行部）　010－52227588 转 307（总编室）

010－68589540（读者服务部）　010－52227588 转 305（质检部）

网　　址 http：//www.clph.cn

经　　销 新华书店

印　　刷 三河市西华印务有限公司

书　　号 ISBN 978－7－5047－3965－0/B·0301

开　　本 710mm×1000mm　1/16

印　　张 16　　**版　　次** 2012 年 1 月第 1 版

字　　数 270 千字　　**印　　次** 2012 年 1 月第 1 次印刷

印　　数 0001－8000 册　　**定　　价** 33.80 元

前言

一位很有能力和思想品位的朋友，在单位年终评比中没有评上优秀。他深感意外，当时就和人顶撞起来。事后和我聊天，他十分后悔地说：“真不该失态，太掉价!”他耿耿于怀的不是没有评上，倒是他的失态。

一个男人刚刚和妻子离婚，情绪受到刺激而飙车，把一名在校大学生撞倒，幸运的是，被撞者只是全身多处软组织挫伤，医生说没有生命危险。

一位老师连打自己的学生十几个耳光，事后他表示，当时是“恨铁不成钢”，情绪失控才打了学生，已向家长道歉，并愿意赔偿一定的费用。

一位名人发飙与人开骂，大动粗口，激起民愤，影响极坏，自己的公众形象大大受损。

不少名人在微博上失控乱言，《人民日报》发表社评不点名批评，称一些公共人物“语不惊人死不休”“公众人物该如何珍惜自己的话语权，用好自己的话语权”。

看看这个社会，又有多少失控姐、失控哥？发生了多少让人诟病的失控事件？一个人不能控制自己的情绪，便会被情绪控制自己的生活。一旦情绪不佳，便只顾着宣泄自己的情绪，即使伤及无辜也在所不惜，更不用说与人沟通或是处理别的事情了。我们时时受到情商的挑战，如何才能有效地表现自己不失控？

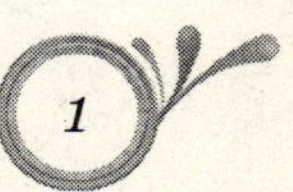

情绪是由于人对客观事物的态度而产生的一切主观体验，有时短暂，有时持久，能影响人的整个精神活动。生活中，我们遇到的各种人和事，都会引发我们喜怒哀乐的各种情绪体验。我们能感受到它，却常常不能自如地控制它。

情绪好像一块编织的彩毯，全看你自己喜欢多用哪种色彩。如果你偏爱用灰黑色的毛线，你织出的毯子就会黯淡无光；如果你只用白色，毯子就会变成一片单调的白；如果你善于使用各种颜色自然地交织，你就会织成色彩缤纷的彩毯。同样的道理，你若容许自己自然流露各种情绪，同时，又不将自己淹没在情绪的低潮中，你的人生也必定生动缤纷。

情绪好像化学作用，在人与人交往中，不同的情绪交织在一起，会产生不同的关系。若彼此交往中充满仇恨、嫉妒、自私、傲慢等情绪，这种关系会令人不寒而栗、退避三舍。反之，如果人际关系中多一些爱，多一点宽容和体谅，这样交往的群体会迸发出无比的感染力。

在我们的生命中，情绪总是伴随我们的左右。如果能恰当地处理，这些经历可以为我们的生命添加色彩，成为生活中的享受。反之，情绪可能会成为我们的负担，侵蚀我们的生命。恰当地处理情绪并不意味着你要时时刻刻使自己快乐，实际上那些表面负面的情绪正是为我们的成长提供了契机。为了成长，我们必须经历一个逐渐反省情绪的过程。有了成熟的反省，我们才能经得起情绪的冲击，才能不做情绪的奴隶。

当你产生负面情绪时，你要学会用一些方法调适自己，这会让你的个性逐渐成熟。一个具有良好修养的人，懂得控制和调节情绪的意义，能够自觉而有效地控制和调解自己的情绪，做情绪的主人。

目录

第一章
情商为王，胜己而后能胜人

第二章
心灵丰盈，空虚就不来侵袭

第三章
放松就好，远离心理强迫症

第四章
淡泊笃定，世事纷扰心不乱

第五章
内心强大，自信坚强无畏惧

第六章
心境平和，胜不骄而败不怨

第七章
克己恕人，不生气也不仇恨

第八章
敞开心扉，不再自闭和忧郁

第九章
平复悲痛，笑对不幸与苦难

情商为王，胜己而后能胜人

拯救习惯性无助

王若琳是一家广告代理公司的业务代表，她的工作就是打电话找客户、约见、签单。入职半年了，她的业绩一直没有起色。她打电话时，电话接通后还没说上几句，她就说：“你们没有这个计划啊？那好，再见。”这种情形她已经习以为常，她很少思考如何才能将客户拿下，却不断蜻蜓点水式地寻找客户。

有一次，业务经理对她说：“这个单子你去跟一下。”王若琳嘟囔着说：“跟了也没用，他们没兴趣。”经理一听就生气了：“客户都有兴趣了，我还要你们干嘛?”王若琳默不作声，一副很不情愿的表情。

这是职场上一个很普遍的现象，很多销售人员怀揣激情和梦想，打电话时却在潜意识中引导客户回绝自己。当习惯成了自然就不再努力，得过且过。其实，这是习惯性无助心理在作怪。在现代社会的激烈竞争中，企业作为挫折高发场所更容易滋生习惯性无助的情结。

心理学家马丁·塞里格曼做了一项富有创造性和开拓性的实验，生动形象地演绎了形成绝望心境的过程。他将小狗分成两组，一组是实验组，一组是对照组。首先，塞里格曼将实验组的小狗置于放着电击设备的笼子中，然后给小狗施压电击，电击会引起狗的痛苦但却不会导致死亡。经过观察发现，这组小狗在最初接受电击时会拼命地逃脱这只笼子，经过多次努力发现逃离不了之后挣扎的程度就会随之减弱。接下来，塞里格曼将这组小狗放在置有隔板且带有电击的一端，隔板的另一端没有电击，小狗可以轻而易举地跳跃隔板。他发现，小狗在头 30 秒有惊恐感，之后就承受电击的痛苦，即使在很容易逃脱的环境中小狗连试都没有试。最后，塞里格曼将对照组的小狗置于带有隔板的笼子中，小狗轻易地从电击一端逃到安全的一端，从而避免了电击的痛苦。

实验结果表明，反复对动物施以无法逃避的强烈电击会导致其产生无助

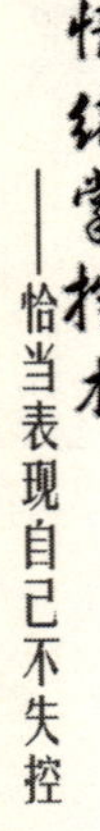

与绝望的情绪。心理学中将这种现象称为习惯性无助感，习惯性无助感不仅会发生在动物身上，也同样存在于人类身上。

塞里格曼将大学生作为实验对象，将其分成甲、乙、丙三组。让甲组听一种无法停止的噪声，乙组听一种通过努力可以停止的噪声，丙组作为对照组不听噪声。当测试者经历一段时间以后，让他们参加另外一组实验：实验设备是一只“手指穿梭箱”，当他们将手指置于穿梭箱的一端时，便会听到刺耳的噪声；放在另外一端时，就听不见这种噪声。

结果显示，乙丙两组人员在“穿梭箱”的实验中，会将手移到箱子的另一端，这样就听不见噪声了；甲组测试人员的手指依旧停留在原处不动，继续忍受噪声的困扰，却不会将手指移到箱子的另一端。

可见，如果一个人在一件事情上总是失败，就会放弃对这项工作的努力，甚至还会为此产生怀疑，觉得自己“这不行，那不好”“一无是处，无可救药”。然而，事实上并非我们“不行”，而是我们陷入了习惯性无助的心理状态。

在现实生活中，习惯性无助现象普遍存在。久病缠身的患者，无父无母的孤儿，长期仕途不得志的青年人……他们身上通常会出现习惯性无助的特征：认为自己无法控制整个局面，精神支柱就会倒塌，斗志也会消失殆尽，进而放弃继续努力尝试的信心和勇气，最终陷入绝望之中，破罐子破摔。

这个世界由两类人组成：一类是意志坚强的人，另一类是意志薄弱的人。后者在面对困难和挫折时总是选择逃避、畏缩不前，他们极易受到伤害，从而灰心丧气，放弃自己的希望，品尝痛苦和失败；意志坚强的人则完全不同，他们内心有着一股坚强的特质，面对困难时仍有勇气承担外在的压力和考验。

爱迪生曾经尝试用 1200 种不同的材料做白炽灯泡的灯丝，但都没有成功。这时候有人对他说：“你已经失败了 1200 次了。”爱迪生不这么认为，他自信且坚定地说：“我的成功就在于发现了 1200 种材料不适合做灯丝。”最终，自信的爱迪生找到了最适合做灯丝的材料。

世上没有做不好的事，只有信念不够坚定的人。成功需要一个漫长而艰苦的过程，胜利者往往是那些能够坚持到最后的人，他们的成功并非依靠力量而是韧性。染上习惯性无助的人永远在内心给自己筑一道墙，失去信心，放弃任何创新，最终导致失败。那么，如何拯救习惯性无助心理呢？

培养强烈的成功愿望

一切活动都发源于愿望，强烈的愿望能够经受住生活的考验，并且没有任何事情能够熄灭它们。如果要成功，必须养成强大的成功愿望；如果要发财，必须养成强烈的财富愿望。这样，在具体的行动过程中才会产生巨大的毅力，支持我们最终走向成功的彼岸。

克服消极的心理因素

消极心理因素会损伤人的意志力，使人不愿再为目标投入更多的精力、热情和时间，常常导致半途而废。因此，我们要努力克服消极的心理因素，可以与志同道合的朋友结成联盟，以此激励自己，激发自己对目标的热情和动力，有足够的毅力实现既定的目标。

注重奋斗积累的过程

成功是一个积累的过程。为实现自己梦想而努力的过程很艰辛，甚至是痛苦的，但在痛苦中也有快乐。我们在痛苦的磨炼中超常地发挥自己的聪明才智，充分体现自身的最大价值。

注重能力的后天提升

人的能力可以在实践中不断提高，随着年龄的增加和经验的积累，人的心智水平在不断发展，做事成功的概率会大大增加。要主动提高自己的学习能力，学习无止境；提升自己的理解能力，把一些学问消化吸收变为自己的东西；提升应用能力，学以致用；提升认知能力，学会认识世界，提升自我；提升思考分析能力，养成独立思考习惯，对事物进行不同层面的剖析，掌握真相；提升判断能力，分清真伪、明辨是非。还要善于总结，总结让人扬长避短，思维敏捷，做事条理清晰。

总之，人不能被自己的消极习惯困住了自己，越被动就越害怕挫折，遇到困难就退缩，逃避生存的风险，结果生存的风险越来越大。如果你存在习惯性无助的心理，就要去克服它，克服了它就拯救了你自己。

不要输在情商上

好莱坞影片《阿甘正传》受到了亿万观众的喜爱，很多人看了很多遍，受到很大的激励。美国社会是一个重视个人通过努力最终取得成功的社会，不管世界怎么变，有多么惊天动地或者微不足道的事发生，阿甘始终以奔跑的姿态追求自己喜欢的一切，单纯的人反而得到了世人想要的东西。

影片中，智力有障碍的阿甘凝视着充满野性的珍妮，最终，他成为智商只有75的成功者，而珍妮成了高智商的失败者。阿甘常说："妈妈告诉我，人生就像一盒巧克力，你不知道会尝到什么味道。"他遭受挫折后总是能很快地振作起来，重新迎接生活的挑战。回想一下捕虾公司的成功，面对一次次捕捞上来的废弃杂物，面对惊涛骇浪和暴风骤雨，阿甘丝毫没有泄气，他坚持到了最后的成功。阿甘把困难当做了巧克力中较苦的味道，他相信还会有甜的在等着他。这种情绪智力上的高妙境界令人不由想起了近年来流行的情商，以及情商对人生所起的重要作用。

1995年，美国哈佛大学心理系教授丹尼尔·戈尔曼提出情绪智力，简称情商。情商是表示认识、控制和调节自身情感的能力，是人在情绪、情感、意志、耐受挫折等方面的品质，体现在五个方面：认识自身情绪的能力、妥善管理自己情绪的能力、自我激励能力、认识他人情绪能力和人际关系处理能力。情商决定一个人的社会生活能力和对环境的适应能力，它是一种洞察人生价值、揭示人生目标的悟性，是一种克服内心矛盾冲突、协调人际关系的技巧，是一种生活智慧。情商为人的成功奠定了很大的积极因素。

情商高的人更具创造力，只要能调动情绪，就能调动一切。在四川的汶川大地震中，高情商的优势也显露出来。我们在无数垮塌的废墟之上，见证着72小时后的生命奇迹——被埋79个小时的女孩获救后，撩了撩头发对着摄像机说："我没事，大家放心。"另一名男孩开口说出第一句话："叔叔，我要喝可乐……"除必要的物质生存条件之外，超强的精神意志是让他们超越极限的重要理由。人在困境中，心态非常重要，心态积极的人会想“我会得救的，我会活下去的”，会比较冷静地想办法活下去；而心态消极的人就容易选择放弃。

美国心理学专家斯托茨博士自20世纪90年代初开始，连续进行了10年研究。在1500项研究结果中，他发现，在刚做完手术生死未卜的患者中，情商高的患者度过危险期的概率更大，身体恢复得也更快。他指出，生死攸关时，高情商的人更善于察觉自己惊慌、恐惧的情绪。之后他们会尽快清除这些不良情绪，把寻求解决之道作为最紧要的任务，同时他们又都执著于某个目标，此时争取胜利的希望就成了他们坚持的动力。

在现代社会中，物质与精神的关系日益复杂和多样化，人们的情绪生活更易受到破坏，情商对于协调人与人、人与物的关系起到了重要的作用。社会的发展，科技的进步更加需要人们的合作，需要集体智慧的发挥，在这种情况下情商更重要。社会在考验着人们，只有历练出高情商才能在芸芸众生中占据优势，更好地顺应时代和潮流，成为时代的佼佼者。

如果你的智商平常，但是情商很高，或许你的学识积淀得不深厚，但是你掌控自己和掌控别人情绪的能力很强，有良好的人际关系，干事业时很容易在自己周围形成一个关系网络，各种人才群体和各种社会资源都会沿着人脉网络会聚到自己身边，成就自己的事业。刘邦就是这种类型的人，他说：“带兵打仗，冲锋陷阵，我不如韩信；运筹帷幄，决胜千里，我不如子房张良；管理钱粮，不绝粮道，我不如萧何。但他们都愿意跟着我干，这是我打败项羽夺得天下的原因。”罗斯福长得其貌不扬，在智商上也没有过人之处，他能够当上美国总统，带领美国走出经济萧条，在第二次世界大战中成为真正的赢家，从根本上得益于他的情商优势。美国前总统布什说：“你能调动情绪，就能调动一切。”

如果你的智商高情商低，你可能自恃智商高，孤傲任性，难与别人相处，往往陷入孤立的境地，施展不了自己的才干，怀才不遇；如果你不是这种人，你就是一个死气沉沉的书呆子，吸引不了别人的注意力和钦佩，使你的高智商无用武之地。高智商的人患心理障碍的比率相对较高，人际关系差，怀才不遇的感觉强烈，会把自己孤立在小圈子里，无法参与社会的大圈子，没有施展自己才华的环境。有的人因为才干得不到发挥和承认而苦闷孤

独，甚至酿成社会悲剧。

情商可以从小培养，成年之后情商可以通过训练得到提高。提高情商有着简单易行的方法，你需要的就是坚持。

心态修炼

保持积极愉快的心情，相信这是一个美好的世界。培养自信心，相信自己的能力和价值，肯定自己。只有抱着积极信念的人，才会充分挖掘自己的潜能，为自己赢得更多的发展机遇。用积极的心态激励自己，是一个人事业成功的动力，是提升情商的心灵动力。

思维修炼

你要学会掌控消极的情绪。掌控情绪有掌握情绪和控制情绪两层含义，而不是单纯的自我控制。因为控制情绪说起来容易做起来很难，人在遇到对自己情绪反应激烈的问题时，根本就会忘了控制自己。要驾驭自己的情绪，还必须要从改变思维方式入手，以积极的思维方式看待问题，使消极的情绪自动转化为积极的情绪，从而实现控制自己的情绪。

习惯修炼

通过心态、思维、行为的修炼培养出良好的习惯，是提升情商的重要途径。要想成功，就必须有成功者的习惯。一个人形成的习惯就是他的舒适区，要改变不好的习惯就要突破自己的舒适区，要有意识为自己找点别扭，要敢于为自己主动施加压力，努力突破自己以往的心理舒适区，培养出积极的习惯。

只要你有提高自己情商的愿望，并不断地学习，不断地努力，通过长时间的修炼，在具体环境中锻炼自己，随着年龄的增长，你会成长成熟起来，会获得更多的成功，实现自己价值最大化。

动机的藏露玄机

高智英在大学期间，学的专业是工商管理。在大学毕业前夕，老师推荐他和几个同学去一家大型外企公司实习。这是一个非常好的就业机会，大家都非常珍惜。高智英刚入公司便被优雅、高档的环境所吸引，他心中开始有了自己的计划：利用实习的机会，好好表现，以后留在这个企业。

在工作中，高智英总会在上司面前刻意表现自己。每当有同事让其他实习生去经理或者老板办公室送文件时，他都会想方设法抢到自己手里，试图通过送文件增加与领导接触的机会，以便给领导留下好印象。空闲时间他更是主动去经理和老板办公室，帮他们收拾办公桌，整理文件等。

两个多月的实习期过去了。高智英主动找自己部门的经理，自我推荐了一下，声明自己特别希望留在公司继续做事情。他以为这次实习结束后自己会被留下，但是实习结束后，公司宣布留下的两个实习生中却没有他。对此，经理层做过这样的说明：公司需要踏实做事的人，而不是只为个人目的、个人动机做事的人。

高智英没有得到经理的认可，不是他表现得不够好，也不是他没有实力，主要是他在为公司以及其他人做事情的时候，表现得太过功利性了，给经理留下“做事不够踏实”的印象。

人在做事情时，表现出太过功利性就会遭人反感。这种现象，心理学上用“动机适度定律”去形容。动机太强事情反而做不好，动机适度事情才容易做好。生活中，人们经常会有这样的体会：你想求助对方，当你在与对方聚会、吃饭的时候顺便拜托对方一件事情，对方多半会毫不犹豫地答应你，帮你把这件事情解决了。如果你为了这件事情专门选个时间找个地方和对方见面，或者请人家吃饭，说你请求对方办的事情，对方反而会带着几分不情愿，即使答应也不那么爽快。

当你试图说服他人接受你的观点，或者按照你的想法做事时，如果动机

表现太强，对方就会容易感觉你的别有用心，或者另有企图，他们的戒备心理便会提高起来，你会很难说服他们。当你动机太强的时候，你的行为就会不受控制，进而表现得太过急功近利，或者太有目的性，结果让人一眼看透。人都有不受他人支配的心理，当别人知道了你的动机或者别有用心后，出于自我保护心理会本能地拒绝你，甚至向着与你最初动机截然相反的方向做事。

那些成功的聪明人非常懂得此项策略，总能用此策略很好地实现自己的目的。有些聪明的职员在与领导外出的时候，总能无心地聊上几句自己对一些事情的看法，以及说一些看上去无关紧要但能彰显自己能力的事情。结果，领导多数时候会觉得他的想法不错，有点道理，这个人也挺有能力，在下次工作中便不知不觉地采纳了他的意见。经验丰富的销售员在做推销的时候，不会一来就直奔主题，他不会暴露自己的功利心引起客户的反感，而是迂回地牵出自己的目的。

人都是有功利心的，区别在于藏与露。把一切功利视为云淡风轻，这是藏；把一切利益视为义不容辞，这是露。如今的职场人除了真本事以外，还要预备一个天平，这个天平的一端是功利心，另一端则是平常心。藏得太深失去机会，露得太过惹人反感。

对功利的藏与露关系到你的设定理想目标，关系到你与同事、朋友间的私密信任。往往因气味相投使同事、朋友变成同伙，也可能因此成了事业无法发展的原因。有人说，在利益冲突下友谊算得了什么？生存在这个社会上，人人都需要认真考虑平时如何拿捏藏与露的问题。

学会巧妙铺垫

一切的行为只是表象，重要的是行为背后隐藏的动机。当你求助于别人，或者争取别人同意自己时，要懂得隐藏自己的意图，给对方造成你只是顺便一提的感觉。这样对方不会觉得你太过功利太有心计而拒绝你。当你有事情想请老同学帮忙，便给对方打电话，先是问候，和对方聊聊近况等，聊着聊着再顺便说一下自己要求助的事情，这样老同学多半会应声答应。如果你直接开门见山求助同学，对方即便答应，心里也会有点情绪，觉得你不够关心他，不体谅他。

不能表现得太强势

在向对方讲述一件事情，或者征询对方意见时，我们不能表现得太过强势了，不能让对方觉得这件事情他必须听你的。如果你给对方留下这样的印象，对方很可能会在逆反心理的驱使下对你的目的以及动机更加排斥。你要善于引导对方，让他觉得这件事情能按照你说的做最好，不按你说的办对你也没什么大的影响。这样，对方会觉得你不完全是为了自己才去说这个观点或做这件事情，反而容易说服对方转变态度，达到你的目的。

懂得包装企图心

名利的藏与露就是企图心的包装。职场上平时小行动多、赤裸显露企图心、为名利不惜采取肮脏手段打击同事的人，其人际关系肯定很差。懂得包装企图心的职场人会在平时多存些友谊，万一发生“利益摆中间、情义放两边”的冲突时，也能达到平衡。就像广告，虽然是一种商业推销手段，但也是一种文化。成功的广告并不赤裸裸地王婆卖瓜，它借助于文化与美学，运用各种修辞手段与叙述技巧，把自己的商业动机乃至商业性质巧妙掩藏起来，给人的感觉仿佛不是在做广告。

避免主导意识

主导意识就是用自己的经验提供忠告，左右别人做事；或者根据自己的行为与动机衡量别人的行为与动机，希望他人按照自己意识做事。人人都喜欢主导别人，而人人又都不喜欢被别人主导。人人心中都有一个自我意识，即使再软弱的人内心深处也有一个真正的自我，很难心甘情愿地被别人主导或牺牲自己。

任何人做任何事都有动机，人人都有企图心。企图心是促成一个人进步的力量来源，有企图心才能完成人生理想。中国人崇尚隐忍与含蓄，忌讳直露和张狂，如果亮出自己的底牌，肯定会输掉。有时，深藏你纯正的动机可以减少敌视，减少自我损伤，保护自己，容易实现自己的目的。

胜己而后胜人

2009年国际心理学大会上，澳大利亚专家莫尼卡·屈斯克利博士进行一项关于儿童自制力的实验：面前有两盘巧克力，一盘多一盘少，忍耐15分钟，你就可以吃到多的那一盘，反之只能得到少的那一盘。面对这样的诱惑，只有20%的中国孩子选择等待，而66%的澳大利亚孩子得到了多的那盘。

这是一项名为"儿童自我延迟满足"的跨文化实验。自我延迟满足是指人们为了得到更大收益而放弃短期收益的能力，是自制力的核心组成部分。在参加该实验的上百名3～4岁的中国儿童中，超过80%的儿童只忍耐了几分钟就按铃呼唤实验人员要求得到巧克力。这意味着中国孩子的自制力不容乐观。屈斯克利博士建议：对于自制力较弱的孩子，掌握转移注意力的方法十分重要；中国父母应对此问题有足够重视，在教育中注意孩子的独立意识和自我管理能力的培养。

很多人以为情商就是人际关系，其实情商最大的范畴是对自我的管理，包括情绪和行为，最典型的自我管理能力莫过于自律能力了。自律是一种自控能力，是情商最重要的特质之一。自律的人对自己要求严格，他知道什么可以做，什么不可以做；自律的人目标明确，他清楚当下应该干什么，不应该干什么；自律的人通常有理想、有追求，他懂得取舍、懂得牺牲。一句话，自律的人易成功。

西班牙思想家葛拉西说："首先控制你自己，然后你才能控制别人。"人必须控制自己的一切消极品性，才能够成为自己真正的主人。英国经济学家亚当·斯密说："自我控制是一种非凡的美德，它更是使其他美德焕发光彩的源泉。"当我们学会了自我控制，我们的人生就会越来越有高度和亮度。

富兰克林·罗斯福是美国第32任总统，也是美国历史上唯一一位残疾人总统。他的任期长达12年，在任期间树立了一个坚忍、自制、机智、幽默、奋斗不息的硬朗形象。但是，这位政治家并非生来如此。

小时候的罗斯福哮喘病缠身，视力欠佳，身体虚弱得甚至无法吹灭床边的蜡烛，他身体的状况糟糕得让他的父母不敢肯定他是否还可以活下去。罗斯福还是活了下来，而且作出了后人几乎难以超越的成就。

是什么让罗斯福有如此巨大的转变呢？罗斯福说：“关于我一生经历的各种战役，人们谈论很多。其实，最艰难的一场战役只有我一个人知道，那就是战胜自己的战役。”为了战胜自我，他付出了常人难以想象的毅力，采取了各种手段，终于让自己拥有了高度的自制力，从而成就了自己伟大的事业。

现代社会需要稳定的情绪和成熟的心态。很多人自制力不强，只给自己后悔的机会，却管不住自己。学会自我控制，是一种自觉行为，需要长久的坚持，需要从以下几个方面努力。

控制自己的欲望

欲望是人的本性，无论伟人还是平民，穷人还是富人皆有之。人的心理受欲望的控制，你的欲望越多，你的需要也就越多。欲望如波涛汹涌的河水，如果放任自流，很可能会泛滥成灾。针对欲望这样的物质，要采取一些措施，给其一点约束。例如，炒股是生活中常见的事情，炒股的最高境界是控制好自己的欲望。很多人管不住自己，频繁操作、满仓、追涨，结果被套、割肉、亏损。减少操作、控制仓位，看似简单的事情，其实是比较难的事情，那是欲望抑制后的体现。控制了欲望就控制了仓位，控制了仓位就控制了风险。欲望，或许我们无法战胜，但是欲望可以适度控制，控制力越强，你的失望就会越小。

控制自己的嘴巴

人生最重要的事情就是管住自己的吃喝和管住自己的话语。人们为了吃喝这件大事，从早到晚不停地忙碌。有的人为了吃喝，不惜东奔西跑；有的人为了吃喝，不惜违法乱纪；有的人为了吃喝，不惜卖身求荣；有的人因为吃喝，肥胖臃肿，疾病缠身，痛苦不堪，甚至早亡。做人，必须克制住饮食的欲望。俗话说：言多必失、祸从口出。不会说话的人容易得罪人，惹祸上

身，又容易引起别人注意而暴露自己的缺点。说话要用脑子，凡事慎言，否则会给自己带来许多麻烦。

控制自己的行为

做事绝不能不计后果，想干啥就干啥。该做的做，不该做的绝不能做，更不能因自己的情绪不稳定有过激行为。人的行为是受大脑支配的，它是表达自己意愿的一种方式。如果说人的思维方式是因的话，那么表达方式就是果。所以，我们要保持理智，冷静思考。

控制自己的感情

人的感情错综复杂，不会有正常的排序，像跳跃的音符此起彼伏。有的人爱上了自己不该爱的人，有的人恨自己不该恨的人。人不能由于自己的好恶，放荡自己的感情，否则就会酿成自编自演的悲剧、自饮自酿的苦酒、自听自唱的悲歌，自己以一个丑角出现在人生的舞台上。人在一生当中都会遇见喜事，人若遇见喜事难免要高高兴兴地庆贺一番，但要适度，当心乐极生悲。人在一生中同样也会遇见伤心事，但绝不能沉浸在悲伤中不能自拔。

学习控制自己，就像学习数学当中的极限一样，知道什么叫有穷极限，什么叫无穷极限。在人生当中，该做的事就是无穷极限，不该做的事就是有穷极限，这就叫人生极限定律。我们要学会控制自己，你控制了自己，你就控制了命运，也就控制了你的人生，你就是一个成功的人。

改掉你的坏脾气

在原始的非洲大草原上，吸血蝙蝠是一种很小的飞行动物，身体轻小，常常依附在其他动物身上，靠吸取动物的血液为生。吸血蝙蝠是野马的最大天敌，它们对野马有着很强的攻击性。

吸血蝙蝠常常先依附在野马腿上，用锋利的牙齿迅速而准确地刺破马腿，然后就立即用尖尖的嘴巴贪婪地吸取马血。野马天生就是极其敏感的动物，受到这样的外来刺激之后，就会迅速地甩动尾巴，或者在大草原上狂跳、飞奔，以此想甩掉依附在自己身上的蝙蝠。即便这样，野马还是无法摆脱蝙蝠。吸血蝙蝠可以凭借轻巧的身体，快速地从野马的腿上飞到身上，又从身上飞到头上，并在这个飞跃的过程中，不断地吸血直到吸饱为止。可怜的野马由于长期生活在这种暴跳、狂躁、愤怒、流血之中，不久便会死去。

开始的时候，人们认为野马的死去是身体中血液的流失所致。后来经过动物学家的长期研究发现，蝙蝠从野马身上吸取的那点血液是微不足道的，不会危及到野马的生命，野马最终死亡的原因是它自己的狂奔、暴怒所致。

“野马结局”的心理效应在我们的日常生活中随处可见，有些人往往因为一些鸡毛蒜皮的小事儿困扰自己，稍有不顺心、不如意的事情，就极易暴躁、冲动、大发脾气。这样就往往会因为别人的过失而最终危害到自己的身心健康。

一个平和宁静的心态，能助你成就一份事业，遇事不容易冲动，懂得静下心来仔细考虑一番，然后再作决定；反之，一份糟糕的心情，不仅会影响与同事、朋友的正常交往，甚至对自己的身体健康造成极大的威胁。

雅歌文化传媒公司里有两个项目部，一个负责国内项目，另一个负责国外项目。两个部门的经理都是年龄相仿的中年女性，虽然工作的内容差不太多，但是二人的工作风格却截然不同。

国外项目部经理是一个十分懂得生活的女人，每天的穿衣打扮都十分讲究，且十分得体；办公室里收拾得井然有序，边边角角都是一尘不染，经常在自己的办公室里摆上一瓶鲜花。在职两年多的时间里，下属很少见经理有生气或者是暴跳如雷的时候，从来不因为什么棘手的事情对自己的下属发威，什么时候见经理，她总是笑容满面，温和有礼。她办事有条不紊，说话不紧不慢。在下属们的支持下，很快便再次升职了。

国内项目部经理从来不喜欢独自在办公室里办公，特意跟领导要求把自己的办公室当做与领导或是下属单独谈话的场所。每天都和六个下属挤在一个大办公室里办公，下属认为经理这样做是为了更好的监督他们的工作。她在的时候除了一些必须的工作上的交流外，从来不轻易和下属说话交流。下属如果出现了什么大小失误被她抓到，定是一番数落，严重的时候还会拍案

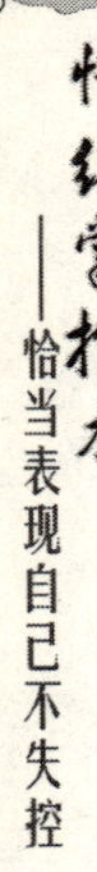

而起，暴跳如雷。就是这一点，员工们很是接受不了。后来，经过员工们的集体要求，公司领导不得不把她调离本部，她为此身体气垮了，卧床休息了半个月。

可见，心情的好坏对于个人事业发展和身体健康都是影响深远的。大多数人懂得这样的一个道理，但是真正能做到学会抛弃坏情绪、积极调整自己心态的人并不多。纵观成功者的历史，我们不难发现，不论是在哪个领域作出过杰出贡献的人，都拥有一颗宽容之心，拥有一个豁达的心胸，宠辱不惊，即使遇上让人极易动怒的事情，仍然是富有涵养，客观理性地去办理事情。

在现实生活中，如何才能学会控制这些坏情绪，不再为了一些小事就大动干戈，愤怒不止呢？

理智控制法

当你在动怒时，最好让理智先行一步，你可以自我暗示，口中默念："别生气，这不值得发火""发火是愚蠢的，解决不了任何问题"。也可以在即将发火的一刻对自己下命令："不要发火！坚持一分钟！"一分钟坚持住了，好样的，再坚持三分钟！三分钟都坚持过去了，为什么不再坚持下去呢？

情境转移法

火气上来的时候，对那些看不惯的人和事往往越看越气，越看越火，此时不妨来个"三十六计走为上策"迅速离开使你发怒的场合，最好再能和谈得来的朋友一起听听音乐、散散步，你会渐渐地平静下来。

弱化烦恼法

减弱你的烦恼，对于非原则的刺激，我们必须学会紧紧地把住闸门，尽可能不听、不看、不感觉，不让它输入。如果输入了，就尽可能不联想、不思虑、不记忆。

评价推迟法

怒气来自对刺激的评价，也许是别人的一个眼神，一句讥讽，甚至可能是对别人的一个误解。这事在当时你是怒不可遏，如果过一个小时、一个星期甚至一个月之后再评论，你或许认为当时对之发怒不值得。

目标升华法

培养远大的生活目标，改变以眼前区区小事计较得失的习惯，更多地从大局、从长远去考虑一切。一个人只有确立了远大的人生理想，才能待人以宽容，有较大度量，不会容忍自己的精力被微不足道的小事绊住，而妨碍对理想事业的追求。

加强锻炼

经常运动，加强身体上的锻炼。据心理学家研究发现：不经常锻炼的人情绪的不稳定性远高于经常锻炼的人。因为经常锻炼的人，在锻炼身体的同时也锻炼了他思维的敏捷性，从而很容易就意识到自己在哪方面做错了。另外，处在运动之中的人们会把生活中的烦心事暂时的抛开，转移了注意力，这样对改变不良的坏情绪也有很大的帮助。

讲究饮食

对于每一个人来说，每天的情绪和食物之间存在着某种微妙的关系。碳水化合物是一种能起到镇静作用的安慰食品，它能刺激人的大脑产生一种能使人感到镇静和放松的化学物质。例如爆玉米花、椒盐卷饼这类食物，食用之后会使烦躁的心情得到缓解。另外一种食物就是蛋白质，这类食物有益于维持人的机灵和脑力，多吃蛋白质的食物对于心情、情绪的控制很有帮助。这类最理想的食物有水生贝壳类、鸡肉和牛肉，一般食用100～200克即可对情绪的调节起到作用。

人在愤怒的瞬间智商是零，过一分钟后才慢慢恢复正常。人的优雅关键在于控制自己的情绪，一个能控制住不良情绪的人比一个能拿下一座城池的人强大。当你情绪特别坏时，请尽力保持理性，用有效的方法来消除怒气，使心情得以平静。

不被人排斥的秘诀

研发部的孙经理刚来公司不久，便以做事认真，工作效率高，深受管理层的认可。在他的缜密规划之下，研发部一些延宕已久的项目开始积极地推行。

半年以后，在部门会议上，孙经理提出的两个项目推进意见却遭到大家反对。同一部门的其他员工更是不配合加班，只执行交办的工作，不太主动提出企划或问题。孙经理的向心力已经渐渐地失去了。

总经理去了解情况才知道，原来大家对孙经理的反对主要源于孙经理有个习惯：一旦自己决定了的事情，不管周围人理解还是不理解，接受还是不接受，都会坚决地执行，而他自己又不喜欢和大家沟通，对他误解的人便越来越多。时间久了，误解就演化成了排斥心理，只要他一提出建议，多数人就坚决反对。

孙经理的做法是典型的“柠檬车效应”导致的。柠檬车效应是由经济学教授阿克尔洛夫提出的，他曾为此做过著名的假设性论断：如果人们想买一辆摩托，卖主对这辆摩托的性能一清二楚，但是买主却只能通过这辆摩托的外形来作揣测。此外，好车的价位会比次车高，买主知道可能会有买到次车的概率。所以，通常情况下会不停地压低价格，于是问题便出现了，由于供需双方信息不畅通很难达成交易。但是人们经过相互了解，以及讨价还价后的沟通，交易便很容易达成。在美国俚语中，“柠檬”意味着次品，人们都不愿去尝试那样的酸涩。后来人们将这种现象称为“柠檬车效应”，主要强调生活中人与人之间需要及时的沟通。

其实，不止是在买卖交易的环节中会出现这种信息不畅的情况。生活中，人与人在打交道，以及阐述自己观点，或者希望得到他人支持的过程中，也会因为彼此间意见不统一、观念不一致导致种种分歧和不愉快。有了分歧或者不一致的时候，便很容易遭到对方的反对和不合作。时间久了，彼此之间便产生了隔阂，甚至有了矛盾，对方便会戴上有色眼镜看你，对你的一系列行动都产生了排斥的拒绝心理，你也很难再得到对方的支持和认可。

人际关系是在人际沟通的过程中形成和发展起来的，离开了人际间的沟通行为，人际关系就不能建立和发展。事实上，任何性质、任何类型的人际关系的形成都是人与人之间相互沟通的结果，人际关系的发展与恶化同样是相互交往的结果。生活中当你和对方出现摩擦以及意见不统一的时候，要学会用良好的态度和积极的方式及时与对方沟通，争取对方的理解和宽容，这样容易说服对方，也容易得到对方的理解和认可。在沟通的时候，需要掌握一定的技巧。

沟通需要及时

有意见相悖或者相反的时候，最忌讳两个人都沉默。你不能保持沉默，不能等着对方自己想明白后再去接受你的观点或意见，而是抓住时机开诚布公地和对方进行沟通，把事情说明白了。有时候，你沟通得越及时，对方越能体会到你对他的重视，越容易受你意见的影响，转而支持你。

让人体会到你就事论事

出现意见分歧后，有些人特别是和你有过不愉快的人，可能第一个想法就是你在故意找茬，或者认为你在故意针对他。你在说服对方或者与对方沟通的时候，要善于抓住事情的本质，而不要过多地牵扯到彼此间以往的事情上，要让人家体会到，你只是针对这个事情提出不同意见，不是对他这个人有意见。

倾听和回应

沟通是人与人之间、人与群体之间思想与感情的传递和反馈的过程，以求思想达成一致和感情的通畅。人际交往离不开聆听和回应，聆听可建立对方的自我价值，进而引发对你的信任；聆听可以减少排斥，拉近你们的距离。

沟通时的态度要真诚

沟通的时候，要注意态度的真诚，不要以冷冰冰硬邦邦的态度对待对方。你们之间本来就因为不同的意见或者不同的观点处于对立的状态，你再以一副这样的态度面对对方势必会引起对方的反感，进而让沟通无法进行下去，激化彼此间的矛盾。

沟通是一切人际关系赖以建立和发展的前提，是形成、发展人际关系的根本途径。人们在思想感情上存在着广泛而持久的沟通联系，就标志着彼此之间已经建立起了较为密切的人际关系。两个人感情上对立，行为上疏远，平时缺乏沟通，则表明他们之间心理不相容，彼此间的关系紧张。沟通是消除隔阂的良药，我们要掌握人际沟通技巧，增进了解和信任，消除隔阂和对立情绪，赢得众人的支持。

令人难拒绝的让步

世界著名矿物工程师赫蒙毕业于耶鲁大学，在德国弗莱堡做了三年的研究工作。他回国后想找一份工作，于是去找美国西部的大矿业主郝斯特。

郝斯特是一个脾气执拗的人，他没有学历又不相信学历，不喜欢那些一味讲理论的人。他当时直接对赫蒙说："我最不满意你的地方，就是你曾经在弗莱堡做过研究工作，你一定是个擅长做理论的家伙，但我需要的是一个务实的工程师。"

郝蒙忽然意识到自己该做点什么，他侧着脑袋悄悄地对郝斯特说："如果你答应不告诉我父亲，我想告诉你一个秘密。"郝斯特点点头答应了。郝蒙认真地说："其实，我在弗莱堡什么也没学到，我在那里混了三年。"郝斯特一听立刻说："好，你明天就过来工作吧！"

郝蒙成功说服了固执的郝斯特，关键是他在自己在弗莱堡学习理论这件事情上做出了让步，随后又迎合了郝斯特的意愿，说自己没学到理论知识。

这正是郝斯特想要的结果，郝斯特最终答应了他的请求。

人际交往有时就是谈判，双方唇枪舌战之间，有进攻也有让步，有接受也有拒绝。不懂得让步，回旋的余地没有了，往下就不好沟通了。如果彼此逞强，互不让步，结果就会不欢而散，甚至两败俱伤。

心理学中，两个或多个人之间由于反应或期望的互不相容性而产生的紧张状态就是人际冲突。在日常生活中，人们常常通过协商来解决人际冲突，因此有效的协商被看成是解决冲突的最好工具。通过协商解决人际冲突必然包含着让步，如果没有让步，协商就不可能进行下去，让步才会更进步。

有一次，英国女王维多利亚与丈夫吵架，丈夫独自回到卧室闭门不出。女王回卧室时只好敲门。丈夫在里边问："谁?"维多利亚傲然回答："女王。"里边既不开门又无声息，她只好再次敲门。里边又问："谁?""维多利亚。"女王放低口气回答。里边还是没有动静，女王只得再次敲门。里边再问："谁?"女王放下了架子柔声地回答道："是你的妻子啊!"声音刚落，门开了。

心理学上有一个以退为进的策略，以退让的姿态作为进取的阶梯，退只是一种表面现象，实际上是为了获得更大的主动权。先让一步，顺从对方，然后争取主动、反守为攻。

为什么在面对反对声音的时候，只要做出让步就能够赢得人们的认可，并最终掌握主动权呢？这是因为，当你向对方做出让步的时候，在形式上你给予对方留下你妥协、让步的良好印象，进而使对方从你的退让中得到心理满足。此外，对方还会因为你的让步在思想上放松戒备，在一定程度上也会满足你的某些要求作为回报，这些要求正是你的真实目的。

以让步谋进步的策略，在说服他人时虽然有一定的功效，但要真正做好并不容易，你在运用此项策略的时候，还要掌握一定的方法。

不做无谓的让步

在做让步的时候，一定要注意让步的质量。你的让步要尽量用在对方最在意的事情，或者最强烈介意的事情上。每个让步都应该指向可能达成的协定，这样对方对你的让步才会体会更深，印象深刻。每次让步是以牺牲眼前利益换取长远利益，或是以自己的让步换取对方更大的让步和优惠为宗旨。

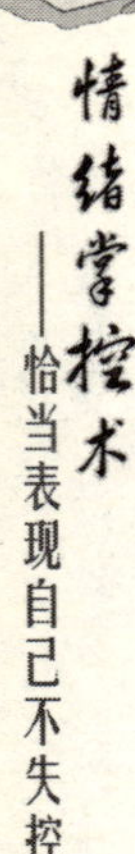

让对方先开口

在你说服人们同意你的观点时，难免会碰到行家，你可能不占有优势。所以，你最好不要主动先开口，争取让对方先开口说话，让对方表明他们的观点。这样对方暴露过多，回旋余地就小，这时你也便掌握了场上的主动权。你在未完全了解对方的所有要求之前不要轻易做任何让步，盲目让步会影响双方的实力对比，让对方占有某种优势甚至得寸进尺。

让对方珍惜你的让步

做出让步时要三思而行，谨慎从事，不要过于随便，给对方无所谓的印象。让步要让在刀口上，让得恰到好处，能使自己以较小的让步获得对方较大的满意。必须让对方懂得，自己每次做出的都是重大的让步，即使做出的让步对自己损失不大，也要使对方觉得让步来得不易，从而珍惜得到的让步。

掌握让步的尺度

运用让步策略时要掌握好尺度。让步太快会使对方在心理上得到满足，容易让对方怀疑你的让步有诈，进一步试图让你做出让步。要慢慢地让步，这样容易使对方相信你，也容易让对方的心理上得到满足，对方等待越久越会珍惜得之不易的东西。一次让步的幅度不宜过大，要做到步步为营。让步幅度越来越小，对方会感觉到你在竭尽全力满足他的要求，也显示出你的立场越来越强硬，同时暗示对方虽然你仍愿妥协，但让步已经到了极限，不会再轻易做出让步，同时让对方看来仍留有余地，使对方始终抱着把交易继续进行下去的希望。

总之，只有懂得让步的人，才是真正有智慧的人。对恋人让步，幸福才会进步；对胜负让步，智慧才会进步；对面子让步，自信才会进步；对情绪让步，情感才会进步；对坚持让步，沟通才会进步；对成见让步，心灵才会进步。双方各自作出让步，才能迎来和平共处的共赢局面。

适当显露你的缺点

罗艾萱在人力资源部做经理，人长得漂亮，为人处世各方面都很灵活，做事情更是尽职尽责，对自己要求颇高，对下属要求也很高。私下里，同事们都称她为“典型的完美主义者”。

渐渐地，罗艾萱在公司里的地位由看似人人敬重的经理变成了人人提防、不愿与其共事的格格不入者。罗艾萱自己也迷惑，我没做错什么呀，怎么同事都离我远远的呢？

尽管罗艾萱主动与同事说话共事，同事总表现出对她很尊重的样子，似乎不敢和她有过多的交往。每次她吩咐任务的时候，如果不是指名道姓地说让谁干，周围根本没人理会她。这严重影响了她的工作效率，也给她的工作带来了压力。

为什么如此优秀的人，大家反而不愿意与之接近呢？因为罗艾萱触犯了心理学中的“讨厌完美定律”，让自己陷入了一个尴尬的境地，使得自己不能更好地驾驭身边的人。如果说罗艾萱有什么缺点的话，太过完美便是她身上的缺点。

讨厌完美定律强调，完美的人不如有缺点的人可爱，在人际交往中学会一定程度的自我暴露更容易给人好感。生活中一些在各方面都比较完美的人，往往不太讨人喜欢。讨人喜欢的人是那些有优点但也有一些明显缺点的人。

讨厌完美定律警示人们：即使你是完美的也不能表现过头，太优秀了会给周围人带来心理压力。对于太过完美的东西，人们会觉得不近人性，不符合常理，甚至觉得完美的人很虚伪，不真实，对其产生几分疏远之感，不愿与之交往。通常人与太过完美的人交往会增加自我内心的慌乱和自卑感，这进一步表明，你要学会适当地向他人暴露自己的缺点，让对方愿意与你交往。

心理学家阿伦森说："一个能力非凡而又完美无缺的人，他的吸引力远不如一个能力非凡但身上有着常人缺点的人强。太完美反而缺失人情味，不如有个性棱角、有小毛病的人更贴近人性。"做人做事在追求完美的同时，不妨带上那么点瑕疵，那么点不如意，这也许正是你讨人喜欢的法宝。

不要过于表现你的优秀

人们经常会有这样的体会，在一场面试中，如果应聘者一直滔滔不绝地说着自己曾经多么优秀，自己曾创造过多少辉煌，自己在各方面都很优秀，即使他说的是真的，面试官可能也会觉得他说的不够真诚，甚至觉得他这是故意在说好听的，太做作。如果在说自己优点的时候适当加上一点缺点，例如：我的性格开朗，但做事情有些毛躁，我的各方面都还可以，就是不爱讲话……事实上，这样可能更容易赢得人心，也更容易让对方从心理上接受你。

暴露的缺点小于优点

与人相处时，暴露自己的缺点会显得平易近人，但运用此方法要注意掌握尺度。你不能暴露太多的缺点，别人看到你身上缺点太多，会觉得你不中用，干什么都不行，不愿意与你交往。如果你有很多优点，又时不时表现出小缺点，别人会觉得你这个人整体还不错，有点小缺点也是值得包容的，这不仅不影响你们进一步交往，还会增加对方与你交往的兴趣。

人最可爱的地方就是要有缺点，一个人所具有的缺点会让人感到真实可信，更有个性。评价别人也是这样，你总是一再强调他的优点，否认他明显的缺点，就显得很不客观，你本人也显得很虚伪，不容易赢得他的信任。你先讲对方一点小小的不足，然后再充分谈他的优点，一定能使他更加感受到你的诚恳。

自省，认识你自己

阿波罗是希腊神话中的太阳神，他每天从早到晚推着炽焰熊熊的太阳之车从天际孑然走过，当他伤感地忆起他自负的儿子执拗地推着他的太阳之车渐行渐远、渐行渐难、渐行渐欲罢不能直至化为灰烬的时候，他会说：“认识你自己。”他一次又一次地告诫人们。

所以，在希腊古城特尔斐的阿波罗神殿入口处，石柱上刻有一句格言：“人啊，认识你自己。”每当游人来到这里都要驻足凝思，玩味着这句话的深刻含意。受到这条古老格言的启示，古希腊哲学家苏格拉底提出了“认识你自己”“照顾你的心灵”的观点，他把“认识你自己”作为自己哲学研究的核心命题。

世界上最重要的事情就是认识自己，这是生命的一大课题。世界上最难认识的也是自己，这是人生的最大难题。认识自己的方法有多种，自省就是其中之一。苏格拉底说：“未经自省的生命不值得存在。”生命的意义在于觉悟自省进取，苏格拉底将生命中的大部分时间用于自我检查，他成了一代伟人。

自省是对自身思想、情绪、动机和行为的检查，是自我道德修养的方法，让人进一步认识自己而不迷失自我。自省是一面镜子，将我们的错误清楚地照出来，使我们有改正的机会。曾子说：“吾日三省吾身：为人谋而不忠乎？与朋友交而不信乎？传不习乎？”他的省身思想影响了后人。

夏朝时，禹有个儿子叫伯启。一次，敌人兴兵，禹就派伯启作为统帅发兵抵抗。结果，伯启战败了。他的部下不服气，一致要求负罪再战。伯启说：“不用再战了。我的地盘不比敌人小，兵马也不比他们差，结果我竟然被打败了，这是怎么回事呢？我想，错一定在我身上，或许是我的品德不如敌方将领，或许是教导军队的方法有错误，我得找出自身的问题，加以改正再出兵也不迟呀。”从此以后，伯启立志奋发，努力工作，爱护百姓，尊重

并任用有贤能的人才，从不讲究个人的衣食，他的城池和军队一天天强大起来。不几年，敌人得知这个情况，非但不敢再来侵犯，还甘心地归顺了伯启。

自省是自我进步的梯子，是征服他人的利器。每次的自省都是一次检阅、一次提升、一次重新认识自己的机会。自省是净化心灵的手段，是了解自我的途径，是自我修养的最高境界，是提高情商必做的功课。自省在很大程度上影响着一个人的前途和命运，使人重视自我价值，懂得设定目标并自觉完成，并经常进行自我激励。我们平时要注意培养自己的内省智能，促进自我发展。

全面认识自己

一个人的自我认识是否全面、正确，对他的生活和发展有着十分重要的意义。一个人看不到自己的价值，就会对自我失去信心，产生自卑感，失去了生活的力量，一旦遇到失败和挫折就会一蹶不振。一个人只看到自己的长处，看不到自己的缺点和弱点，就会盲目自信，夸大自我，目空一切。只有全面、正确地认识自己，才能保证一个人的个性健全良好地发展。

避短扬长

每个人都有自己合适的位置，都有擅长与不擅长的东西，看你如何去发挥自己的才能。人生的诀窍在于经营自己的长处，找到发挥自己优势的最佳位置。你要自我评估，诚实面对自己，不要一天到晚在外面找答案，其实最好的意见就在你的心里，你要平心静气地自我整理一番。起点正确，方向明确，终点就不会太离谱。你要宁可花一些时间规划开始，而不要花时间收拾善后。

总结失败

前进路上需要反思失败。每一种挫折或不利的突变是带着同样或较大的有利种子。失败是一座警钟令人回首自省，在失败中成长，在失败中坚强。失败是很好的教育，如果善加反省思考，就能在失败中获得和成功一样多的珍贵事物。

修正人生方向

每粒种子都有适合自己生长的土壤，我们要做的就是寻找那种最适合自己生长的土壤。人生犹如一张设计图，你开始为自己进行的设计不一定是最好的，需要在前行的道路中不断修正，最终达到完美。生活总是在不断提醒我们，当我们困惑、迷惘、沮丧、不快乐，当我们遭遇到各种困难，那就是生活向我们发出警报，我们正在偏离生命的轨道。面对这些警告，我们应该反省、弥补和改善。人生的脚本是需要不断修正的，这样才是最合适你的人生选择。

心灵救赎

自省是忏悔，是良知的呼唤，是自我心灵救赎。我们要用羞愧心对自己进行道德上的评判，知耻而后勇，勇敢面对真正的自我，扳正自己的人生轨迹，让人格在忏悔中升华。

约束自己

自省是自律，是以敬畏之心自觉地约束自己。有些人没有自省能力，但更多的人能自省但却不能自制。一个人能反省自己，控制自己，治理自己，才能成大事。

见贤思齐

自省不仅需要内省乎己，还要外察乎人。孔子有言：见贤思齐焉，见不贤而内自省也。以他人为镜，可以映射出自己的优劣。每个人都能以他人为镜来认识自己，改正、提高自己。

善于自省的人能通过检点自己的荣辱得失来激励自己，习惯于自省的人能在自省中找到解开人生谜团的钥匙，同时锤炼自我的完美品质。反省是人生的财富，挖掘出它里面的潜力，会让你的精神世界开出美丽的花朵。

第二章

心灵丰盈，空虚就不来侵袭

厌倦了，换种活法

在匆忙的人群中，在偶尔驻足的路口，在工作的某个时段，在一个失眠的夜晚，你是不是忽然生出疲惫的感觉，觉得厌倦了一切？厌倦了眼前的生活，厌倦了一段感情，厌倦了一份工作，甚至厌倦了日复一日相似的路程。你对什么感到厌倦了？你又用什么来对抗这种情绪？

现今世界越来越多的人们面临一种苦境，他们对生活厌烦不满，根本就没有快乐。有一位女士，身体健康，孩子活泼可爱，家庭舒适，丈夫是一个软件工程师，前途光明，但不知为何，她总觉得不满足。丈夫建议她度假休息一段时间，但她觉得自己需要的并不是休息，她连独自坐下来看书都不能做到。孩子午睡时，她就在房间里走来走去，等着去叫醒他。有时早晨醒来，她会觉得一点盼望也没有。

这位女士患上了厌烦病。现今世界的文明和优越的物质生活是前所未有的，但是现今一代的人却越来越厌倦生活。很多人本想寻求娱乐，却常常觉得索然无味，甚至在剧院上演一幕精彩的戏剧时，演到中途就走了好几批观众。还有一些人，坐在电视机前，看着电视剧、电影，脑子里却不知道在想些什么，看报纸杂志的时候心不在焉。每个行业、阶层的人都会患上厌烦病，无论贫富、聪愚、雅俗，都不能保证你不会患上厌烦病。

有一位先生，经商很成功，最近觉得很累。他去医院看病，却说不清自己身体有何不适。医生给他做了彻底的检查，找不到他有任何毛病。医生与他进行了一段轻松的谈话后对他说："告诉你一个好消息，你的身体检验完全正常，我不用在你的病历卡上写任何东西。"这个先生听了木然地说："医生，我从早晨起床到晚上睡觉，没有一刻不觉得疲倦的。"这时，医生才意识到他的病人患的是厌烦病，而不是一般的身体不适。医生开始指出这个先生所拥有的一切：生意兴隆、家庭舒适、妻子漂亮、孩子可爱，还有其他能用金钱买到的许多东西。这位先生听了后说："我对这些简直厌烦透了，让

别人把这些东西都拿去吧。”

厌烦常常是引起你疲劳的主要原因之一，这种没精打采的感觉会使你经常疲惫不堪，它还是引起家庭破裂的一个因素。在生活中，我们总是经年累月地按照一种既定的模式运行，从未尝试走别的路，容易衍生出消极厌世、疲沓乏味之感。我们如何才能超越寂寞、空虚和内在的贫乏？

寻找新目标

厌烦大多是由于生活中缺少指引导致的。很多人都有这样的烦恼，做事没有激情，也静不下心来，过着颓废的日子，不知道自己要什么，毫无目标可寻。人的需要是多种多样的，一种需要得到满足以后还会产生新的需要，心情也随需要的变化而变化。既然不满现状，就应该去打破现状寻找新目标。大部分人觉得寻找新目标很麻烦，宁愿保持现状，这是摆脱厌倦的困难所在。

及时释放压力

生活是丰富多彩的，你觉得厌倦，多半是因为自身压力太大又得不到及时的释放，才会对生活失去信心。没有人喜欢自己的生活充满压力，但我们的一些举动和习惯又往往不自觉地为我们带来压力。我们应该学会去适应这些压力，调解这些压力。压力是成就一个人事业的动力，正确运用压力你会不断地进步；不能驾驭压力，你会觉得压力越来越沉重，直至压得自己喘不过气来。

重新规划职业

“不想工作”是一个普遍存在的心理状态，也许大多数人还是会硬着头皮一如既往地工作下去，日子一长对工作倦怠的心态便由此而生。不想工作意味着重新选择，你要审视一下自己：是不是从事了你不喜欢的工作；是不是从事了你不适合的工作，主要是性格不适合；是不是这份工作无法发挥你的优势特长。从这三个方面去考虑，建议重新进行职业规划。在工作生活方式激荡变革的今天，我们可以有着更加自主的选择，从传统工作中解放出来，投入更具创意的工作中去。活着的快乐就在于你能发现并挖掘你自身的价值，然后利用自己的价值造福你及你的周边，让自己价值最大化。

一个人总是过着一种生活方式，那叫活着，却不能叫生活，因为这里面缺少了生机。生活就是个池塘，你就得接连不断地往里投掷石子。哪怕它是一片死水，至少你要让它起点波澜，让它有点生趣。换一种活法，换一种心情。生活每天都是不同的，每天都会有惊喜。为什么不去发现呢？

摆脱空虚寂寞冷

一位年轻朋友对我说：“每天，我照常工作、生活，可总觉得心里有点不对劲，我不知道为什么工作、为什么生活，有一种很空虚的感觉，感觉什么都无聊，什么都没意思。这种情绪让我整天百无聊赖、心绪懒散却又不知该怎样解脱。”他很困惑，也很无奈。

这位朋友的问题很有代表性，空虚恰似一片阴云笼罩在一些年轻人的心头。“空虚寂寞冷”已经成为网络流行语，因为空虚而寂寞，因为寂寞而冷淡。看看有些年轻人，什么活都懒得做，地板脏了，踩来踩去就是懒得拖地；吃饭没胃口，咀嚼的滋味空空的；想打一个电话，拿起也不知打给谁，不知道要说些什么有意义的话，遂拿起又放下。

常听一些人说：“唉，真没劲”“唉，这个世道我算看透了”，话中流露出心灵的空虚。空虚是一种内心体验，真正空虚的感觉往往只能意会无法言传，只有空虚者自己才能真切体验到，他人是难以深入体验的。这使得感觉空虚的人不太容易实现与他人沟通，如果自己再不积极努力，只会越来越紧地被空虚包围。

从心理学的角度看，空虚是一种消极情绪。被空虚趁机侵袭的人，无一例外地对理想和前途失去信心，对生命的意义没有正确认识。他们或是消极失望，以冷漠的态度对待生活，或是毫无朝气，遇人遇事便摇头。他们没有追求、没有寄托、没有精神支柱，精神世界一片空白，天天混日子。

精神空虚的人意志薄弱，缺乏作出决定或执行自己决定的能力，易受暗

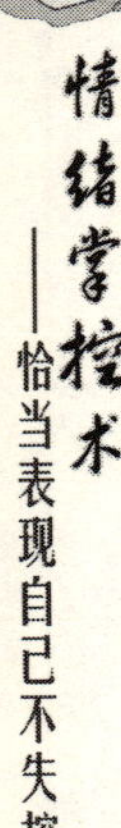

示及环境的摆布。为了摆脱空虚，他们或抽烟喝酒、打架斗殴，或无目的地游荡、闲逛，沉溺于某种游戏，之后却仍是一片茫然，无谓地消磨了大好时光。

青年人为何会精神空虚呢？人到青年期，会将注意力逐渐转向自己的内部世界，会有反抗、蛮横、怠慢、见异思迁、冷淡等心理表现，怀疑一切，否定一切，自然也否定了自己，成为孤独的、骚动的青春一族，行为上自然是虚无主义。

还有一些人，身份与地位较为显赫，也会有一些烦恼，例如对生活的厌倦，对孤独的感慨，对财富与生命安全的忧虑。为了解除这些烦恼，有些人不是将财产投入再生产，而是在享乐中寻找刺激，在刺激中寻找欢乐，这也是一种空虚行为。

空虚消磨人的斗志，侵蚀人的灵魂，使人的生命毫无价值，害己害人，需要通过自我调适加以克服。怎么才能摆脱空虚呢？

调整需求目标

空虚的产生主要源于对理想、信仰及追求的迷失，树立崇高的理想、建立明确的人生目标就成为消除空虚的最有力的武器。这个过程不是一蹴而就的，当你坚定地向着自己的人生目标努力前进时，空虚就会悄悄地离你而去。目标不切实际也会使自己因难以实现目标而失去动力，摆脱空虚必须根据自己的实际情况，及时调整生活目标，从而调动自己的潜力，充实生活内容。

培养生活热情

面对空虚，还要培养对生活的热情。生活是美好的，就看你以怎样的态度对待它。一样的蓝天白云，一样的高山大海，你可以积极地去从中感受到大自然的美丽；或者认认真真地学点本领，帮他人做点好事，也能对自己的成功颇感得意，从他人的感谢中得到欢愉。当你用有意义的事去培养你对生活的热情，去填补你生活中的空白时，你哪还有心情和闲暇去空虚呢？

提高心理素质

人们生活在同一环境中，由于心理素质不同，有人遇到一点挫折便偃旗息鼓而轻易为空虚所困扰，有人却能面对困难毫不畏缩而始终愉快充实。因此，有意识地加强自我心理素质的训练，就能够将空虚及时地消灭在萌芽状态而不给它以进一步侵袭的机会。

全心投入工作中

如果觉得每天没有什么事情可做，不如去找一些事情做，找到工作和生活的意义，让自己充实起来。工作是摆脱空虚极好的措施，当你全身心投入工作时，就会忘却空虚带来的痛苦与烦恼，从工作中看到自身的社会价值，使人生充满希望。

多阅读一些书籍

读书是填补空虚的良方。读书能使人找到解决问题的钥匙，使人从寂寞与空虚中解脱出来。读书越多，知识越丰富，生活也就越充实。

转移目标找乐趣

当某一个目标受到阻碍难以实现时，不妨进行目标转移，比如从学习或工作以外培养自己的业余爱好，如绘画、书法、打球等，使心情平静下来。当一个人有了新的乐趣之后会产生新的追求，会逐渐完成生活内容的调整，从空虚的状态中解脱出来，去迎接丰富多彩的新生活。

任何人都会有空虚的时候，战胜空虚的最好办法是充实内心。当你和空虚顽强斗争的时候，请记住普希金的这句诗：“生活不会使我厌倦。”你只要有所追求并敢于直面问题、直面现实、直面挫折，就不会被困难吓倒，不会被沮丧和空虚长期困扰，并且能够从挫折和失败中吸取教训，总结经验，战胜空虚，重塑自我。

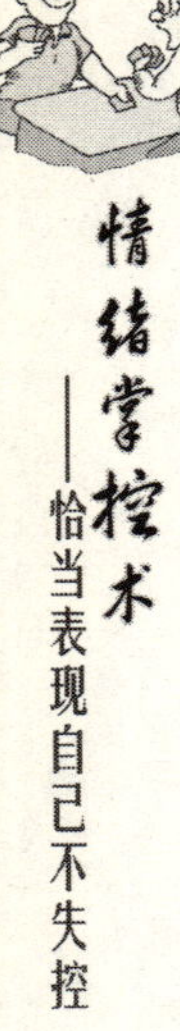

世界没有抛弃你

有一种灵魂的落寞叫孤独。孤独不经意间侵蚀着我们的肌体，掠过我们的脑海。人人都会有孤独的时候，但是人人并非能够善待孤独。

男友出国后的一段时间里，陈妍陷入极度痛苦之中，她几乎不能自拔，甚至想到了死。男友临走时，她俩第一次也是最后一次一起过夜。陈妍心里知道，他永远不会回来了。她便陷入了一种孤独与痛苦之中。“我该做些什么呢?”一天晚上，她对朋友哭诉，“我将住到何处? 我将怎样度过一个人孤独的日子?”

朋友安慰她：“刚开始是难以接受，但时间一久，这些伤痛和孤独便会慢慢减缓消失，你也会开始新的生活，建立起自己新的幸福。你可以结交新的朋友，培养新的兴趣，千万不要沉溺在旧的回忆里。”

陈妍没有把朋友的话听进去，她还在为自己的孤独自怨自叹。她认为全世界都在孤立她。

孤独是人类的自然本性，但是极度孤独或者长期孤独使自己与世隔绝，就成为一种心理障碍了。有的人依赖性很强，身边没有人陪伴，没有人疼爱，就会感到孤独寂寞。有的人因为性格的原因，目空一切，非常自傲，认为别人都是低微平庸的，如果与这些人交往就会掉身价，从而使自己陷入孤独的境地。有的人妄自菲薄，非常自卑，认为别人会因为自己的某些短处或缺陷而看不起自己，筑城自我封闭，与别人断交或尽可能少往来。有的人愤世嫉俗，追求完美的理想世界，这种理想世界又无法与现实相容，所作所为常常不被多数人理解，从而造成孤独心理。

有些环境容易让人感到孤独，比如，孤单的环境、陌生的环境、突变的环境等。有的人一方面自我意识很强，很关心自己在他人心目中的地位和形象，重视他人的评价，他会将自己隐藏起来，有一种封闭心理，另一方面他又特渴望别人能真正了解自己。这种需要得不到满足时便会陷入惆怅和苦恼，产生孤独感。

人际交往中的情绪情感障碍常常诱发人际孤独。常见的情绪情感障碍有：害羞、恐惧、愤怒、嫉妒、狂妄等，其中与孤独感密切相联的是害羞和恐惧，害羞和恐惧会使人产生逃避行为，从而避开与人交往的情境，离群索居，封闭自我。

如何才能战胜孤独，并走出孤独的阴影呢？

减少依赖学会独立

亲人好友是被子，真正能让自己温暖的还是自己的体温，人要学会独立。我们身上或多或少的存在依赖性，如果我们习惯依赖别人，就很难发挥自己的主观能动性，使创造能力受到压抑。学着一点点改变自己的这种依赖性，谁都能离开，相信自己能独立撑起一片天空。

战胜自卑与人交流

总觉得跟别人不一样，所以就不敢跟别人接触，这是自卑心理造成的一种孤独状态。这就跟作茧自缚一样，要冲出这层包围着自己的黑暗，必须先咬破自卑心理组成的茧。要学会与外界交流，独立生活不意味着与世隔绝。当你感觉到孤独的时候，你可以给某位久未见面的朋友写封信；或者给哪位朋友打一个电话，约他去看一场周末上映的电影；或者是请几位朋友来吃一顿饭，你亲自下厨炒上几个香喷喷的菜，都别有一番情趣。要随时跟朋友们保持联系，不应该只是在你感觉到孤独的时候才想起他们。

接近大自然

适度地离开熙熙攘攘的尘嚣世界，接近大自然，享受大自然带给我们的乐趣，也是排遣孤独的良好方式。只不过忙碌于名利和生计的人们，早已没有恬适的心情去品味自然的美妙之处。

确立人生目标

你可以通过确立人生目标和培养某种爱好的方式来驱逐孤独感。一个人懂得自己活着是为了什么，是不会感到寂寞的；同样，一个人活着而有所

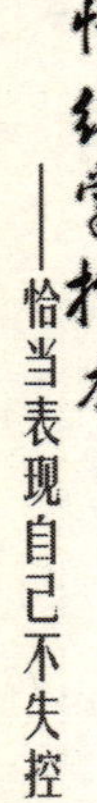

爱、有所追求，也是不怕寂寞的。

其实，孤独也不尽是消极的。孤独是一种心境，置身于热闹之中未必就不孤独，一人独处也可以不孤独。美国散文家兼哲学家梭罗独自在瓦尔登湖畔过了一段相当长的时间，在大自然的美丽中写作、思考、无拘无束地享受他的自在之感。他的《瓦尔登湖》至今仍在慰藉着很多读者的心灵。

有的人喜欢上孤独，在平和静谧之中情感会得到释然，宁静致远的心绪不会随着喧嚣的城市而感到焦灼与浮躁。拥有孤独是一种人生的体验，走过孤独是一种成熟的人生。年轻时甘于孤独，年老时就不会寂寞。

孤独孕育希望，也孕育伟大。贝多芬一生孤寂，可他却说："当我最孤寂的时候，也是我最不孤独的时候。"正因为他有了孤独，他才可以用整个心灵去感受人生的历程，他的思想因此而深刻，他的作品也因此而升华。

不依赖不幼稚

一位女士刚结婚就感叹："我老公太依赖人了，结婚前他依赖父母，现在结婚了就依赖我，而且我也比他大，很多事又都帮他想好了。真不知道怎样才能让他改变依赖心理。"

现在有些青年人生活自理能力差，有的独生子女已经上了大学或参加了工作，对父母的依赖心理仍然严重。一位心理医生说："在临床上，有幼稚、装嫩心理的人非常多。他们虽然是成年人，甚至年纪不小了，但言谈举止却比较孩子气。更重要的是，他们通常缺乏责任感，依赖心理比较强。"成年人的幼稚心理不是疾病，却是心理方面的一个缺陷。这种心理缺陷会对人际关系等有很大的影响，从而导致他们的社会适应受到约束。虽然他们看上去很好交往，但只要谈到责任往往就退缩了。

成年人的幼稚、装嫩心理如果发展到极致，可能会发展成为"彼得·潘综合征"。彼得·潘是一个很有名的童话人物，他生活在梦幻里，永远也不想长大。幼稚的成年人不愿意以成人的标准看待自己，感兴趣的大部分是同学聚会、朋友生日、一起出去玩儿等，对个人的前途、婚姻设想得很少，根本就没有长远打算。尽管有的已经三四十岁了，但是他们在外表和内心的一些信念、想法、价值观方面与同龄人相差很多。

我们在日常生活中经常能够看到一些依赖心理表现：在没有得到他人大量建议和保证之前，对日常事物不能作出决策，让别人为自己作大多数的重要决定；因为害怕被别人遗弃，明知他人错了也随声附和；没有独立性，很难单独进行自己的计划或做自己的事；为讨好他人过度容忍，甚至放弃原则和自尊做自己不想做的事；害怕孤独，独处时有不安和无助感；当他人与自己中止亲密的关系时感到无所适从，难以接受分离；很容易因遭到批评或未得到赞许而受到伤害。

求人不如求己，关键时刻能靠得住的还是自己。我们每个人要学会独立自强，不要总指望着依靠别人去生活。过分依赖是一种极消极的心理状态，它会影响到一个正常人独立人格的完善，阻碍人的创造力和自主性。一个新生命的诞生，是从剪断脐带的那一刻开始的，生命中受到的最大束缚便是婴儿对于脐带的依赖。要想在这个世界上立足，即使再弱小的婴儿也得剪断脐带脱离母体，学着独立。只有抛弃依赖，真正的学会独立，才能助自己在人生的道路上走得更远。

人生的道路总是曲曲折折的，一个人有了自强自立的精神，就会有勇气克服困难，使自己的生命之火熊熊燃烧，就可以迎接生活的挑战！挪威戏剧家易卜生说：“在这个世界上，最坚强的人是只靠自己站着的人。”我们的前途究竟是什么样的，永远取决于我们自己，成功与失败也都要靠自己的肩膀来承担。人生中的风风雨雨，只有自己亲自经历过了，才会不断地成长起来。

生命的航船，掌舵的永远是自己。依赖心理强的人，可以采用下列方法摆脱这种消极心理：

从独立完成小事开始

当一个人习惯了依赖之后，对个人的心理影响就会根深蒂固。因此，必须清楚地学会分析，看自己的行为中哪些是需要依靠别人的，又有哪些是应该由自己去独立完成的。勇敢地迈出独立的第一步，试着自己去独立完成一

件小事情，哪怕是比较近的一次独自旅行。在独自旅行的过程中，逐渐地学会依靠自己，自己主动去问路，自己去买车票，自己去找住宿，这些小事情都可以锻炼自己的独立。时间长了之后，就会慢慢地摆脱掉依赖别人的习惯。

自觉减少习惯性依赖

分析一下自己的行为中哪些应当依靠别人，哪些应由自己决定把握，从而自觉减少习惯性依赖心理，增强自己作出正确主张的能力。例如，自己决定有益的业余爱好，自己安排和制订学习计划等，由依赖转变为自主。

学会独立思考

遇到困难的时候，首先考虑自己怎么才能最好的处理这件事，而不是第一时间就想到去找谁帮忙。沉着冷静的面对和分析困难，为什么有困难，产生原因是什么，如果我这样做会有什么结果。

培养独立的人格

每个人都需要别人的帮助，但是接受别人的帮助也必须发挥自己的主观能动性。一个人把自己的命运寄托在他人身上，不会有什么大的作为。要想在竞争环境中站稳脚，必须学会独立。每当遇上棘手的事情时，更要奋发自强，不轻易言弃，及时地去调整好自己的心态，从头再来，即使再次跌倒了，再重新站起来就可以了，不要在乎别人的说法。只有拥有健全的人格和良好的社会适应能力，才会进一步克服掉依赖心理，逐步走上独立的道路。

一个成年人，如果不能独立生活，就是自己的耻辱。我们必须学会独立生活，学会与人交往，学会照顾自己，学会约束自己，掌握生存本领。我们必须抱着“靠自己”的信念去做。学会独立自主，摆脱依赖性，我们的人生之路才能走得更远，走得更顺畅。

不要虚度光阴

2008 年 4 月，西南大学以“大学最后悔的事”为题做调查，这项调查列举出“选错专业”“没建立好人脉关系”“没处理好感情问题”等数十个选项。在 400 多名参与投票的大学毕业生中，接近四成的人选择了“虚度大学光阴”，位居榜首。不少毕业生还纷纷现身说法，要学弟学妹们引以为戒，珍惜时光。

在大学中，很多人玩游戏、谈恋爱、游山水，觉得这是潇洒，一旦步入了社会却发现，需要用的东西当时竟然没有好好掌握，导致不能够顺利地升职加薪，感慨书到用时方恨少，后悔大学没有好好学习。后悔有什么用呢？

《钢铁是怎样炼成的》里面有一句话：“人最宝贵的东西是生命，生命属于我们只有一次。人的一生应当这样度过，当他回首往事的时候，不因虚度年华而悔恨，也不因碌碌无为而羞耻……”这句名言激励了很多人不断地挑战自我、完善自我，让自己的一生过得精彩和充实。孔子在河岸上观看流水，感叹道：“逝者如斯夫，不舍昼夜。”时光如水一般流逝，任谁也无法挽留，人生世事变幻太快，不要等到青春逝去的时候才后悔不该虚度。

吴思诚早起洗脸时，发现镜中的自己鬓边有了白发，他蓦然惊觉光阴似箭，青春已去，心中自问：过去几十年我究竟做了些什么？难道一生就这么要交白卷了吗？

一天，吴思诚拜访了一位 84 岁的老学者。在他那狭窄的厨房里，吴思诚向他倾诉了内心的困扰。

老学者说：“你应该抓紧现在和未来的日子。”

吴思诚说：“是的，我在尽力，但是，我已浪费了几十年。”

老学者摇摇头：“达尔文说他贪睡把时间浪费了，却写了《物竞天择论》；奥本海墨说他锄地拔草把时间浪费了，后来却成为‘原子弹之父’；海明威说他打猎、钓鱼把时间浪费了，却获得了诺贝尔奖；居里夫人说她为孩

子和家务忙浪费了时间，然而她不但发现了镭，而且还把孩子教养成了科学家。”

吴思诚大喊：“这些人都是天才！我只是个平凡人，愚蠢的平凡人。”

“你有权评定你自己是愚蠢的平凡人，我想提醒你，只要有确定的目标，在任何时间，做任何事，都不会妨碍思考和研究，甚至有助于思考和研究，他们自以为浪费了时间，实际上并没有浪费。”

“但是，我年纪大了。”吴思诚说。

“我 70 岁那年，拟订完成一个需要 10 年才能完成的研究计划。我向一位 30 多岁的年轻朋友谈到这个计划，他笑了。我知道他为什么笑，在他看来，70 岁的老人，时日已不多了，还能做什么？10 年过去了，我的工作如期完成，仍然在实验室忙着。”他挺了挺胸，笑了。

“你那位年轻朋友呢？”吴思诚问。

“不再年轻了，已经中年啦！”

“对他来说，这 14 年来应该是黄金年龄，相信有很不错的记录。”吴思诚说。

“没有，他也承认过去的 14 年是空白，真正的空白。”

“为什么？”吴思诚问。

“依旧熙熙攘攘地生活，14 年，一眨眼就过去了。”

这一番话，如当头一棒，吴思诚呆了。

老学者拖着吴思诚走进他的书房，说：“来，让我们谈谈目标问题，烤鸡腿香味诱人，边吃边谈，并不浪费时间。”

很多人早上睁开眼，就计划这一天该做些什么，到晚上躺在床上好像什么也没有做。想到这，就会没有成就感，更为时光的逝去而伤感。不浪费时间，你的心灵就是充实的，空虚就不会找上门来。

养成惜时观念

哈佛大学培养了许多名人，其中有 33 位诺贝尔奖获得者、7 位美国总统以及各行各业的职业精英。哈佛学子接受了什么样的精神和理念？哈佛图书馆墙上的训言似乎已经给出了答案：“此刻打盹，你将做梦；而此刻学习，你将圆梦。”“我荒废的今日，正是昨日殒身之人祈求的明日。”“觉得为时已晚的时候，恰恰是最早的时候。”“勿将今日之事拖到明日。”“学习时的苦痛是暂时的，未学到的痛苦是终生的。”良好的时间观念有助于一个人不断进步，平时要注意树立时间观念，增强时间意识，做事有计划、不盲目、不拖沓，当日事当日毕，养成守时惜时的好习惯。

合理安排时间

培根说：“合理安排时间，就等于节约时间。”注重个人管理，学会更有效地安排自己的工作计划，掌握重点，合理有效地利用工作时间。避免办事拖拉、会议冗长、上班聊天、交代不清、事情做错、考虑事情过于复杂、不考虑轻重缓急等浪费时间的行为。凡事预则立，不预则废，做任何事情都要有计划。准备一个待办事项清单；选择每天精力最充沛、思想最集中的时间去处理最重要的事情；推行一种“限时办事制”，将一些不太重要的事集中起来办或联办；注重时间的机会成本，使时间产生的价值最大化；充分利用生活中许多零碎时间。

志存高远，树立理想

胸无大志，一事无成。一个没有理想的人，就不会有明确的奋斗目标，就会碌碌无为，虚度光阴，生活空虚，无所追求，得过且过，贻误一生。一个有远大理想和抱负的人，会有紧迫感和使命感，会珍惜美好时光，发奋努力，努力成为对国家、对社会有用的人。

人生最该珍惜的是宝贵的时光。虚度光阴，是在折损生命的光；及时努力，是在开辟理想的路。不要沉湎昨天，不要观望明天，一切从今天开始。让自己有生之年的每一天活得充实，活得问心无愧，活得有意义有尊严。

让水沸腾起来

有一个朋友说：“我发觉自己的心越来越老了，越来越找不回以往做事

的热情了，对任何事情都提不起太大的兴趣，笑容也越来越少了，除了那些见到陌生人时虚伪的笑容，现在能让我不带任何负担的笑大概也就只有那些低级俗气的娱乐节目。”他对生活没了热情，感觉很迷茫，不知道自己怎么了。

对生活没有了热情，怎么办？很多人都遇到过这个问题，感觉自己悄然迷失。是你抛弃了生活，还是生活抛弃了你？生活就是生活，有没有你都是生活；你就是你，但没有生活你就可能不是你了。不是我们失去了对生活的热情，而是我们对自己失去了热情。

生活是自己创造的，你对生活的态度决定了你的生活质量。你以饱满的热情投入生活，生活就会赋予你阳光雨露，你会在愉悦的环境下收获硕果；你以消极的态度对待生活，你将一直在阴霾的天空下挣扎，潮湿的心永远得不到晾晒，甚至会发霉。年年岁岁只在你的额上留下皱纹，如果你在生活中缺少热情，你的心灵就将布满皱纹了。

郭维健寒假回到农村的家，父亲正在炉边打铁钳。他一边干活，一边询问儿子的大学生活。郭维健说："没劲。"父亲听了沉默半晌，然后用他粗壮的手操起一把大铁钳，从火炉中央夹起一块烧红的铁块，放在铁垫上猛锤几下，随后丢入身边的冷水中。"哧"的一声响，水立即沸腾起来。

父亲说："你看，铁是热的，水是冷的，把铁扔进水里，水和铁就较量上了。水想使铁冷却，铁想让水沸腾。生活就像这盆冷水，你好比这块热铁，你不想让水冷却，就得让水沸腾。"

朴实敦厚的父亲竟说出了这样饱含哲理的话，郭维健一时感动不已，他开始反省自己。回到学校后，他不断努力，学习有了起色，生活也日渐丰富起来。

热情是一种兴奋剂，在每天清晨醒来，可以使你充满希望，犹如脚下有了弹性，心里有了温暖，眼睛也炯炯有神了。热情可以使悲观的人成为乐观的人，使懒惰的人变成勤奋的人。不管你的处境是多么恶劣，不管你的担子有多么重，凡事都热情地去做，拿出你蕴藏的能力来，这股力量可以改变你人生中的任何层面。凡事你越投入热情，事情就越显得容易。投入热情不够的时候，任何事都会对你产生很大的威胁，事事让你感到棘手、头痛，精力与热情也跟着低落，就像必须用双手推动一座顽强牢固的墙，费好大的劲儿才能完成某件事情。

任何事业，要想获得成功，首先需要的就是热情。热情是自信的创造者，热情能够弥补我们工作上的不足，常常可以感染客户，唤起客户的激情回应。热情还具有强烈感染力，当有一个朋友热情地对你说：“走吧，今晚的电影听说棒极了！”你怎能不感到心动呢？如果换成一个心情沮丧的人对你说：“真是无聊死了，去看场电影吧。”你又将感觉如何呢？

在社会交往中，当一群人都处在沉闷的气氛中，往往只需一位热情的人加入，立即就能使每个人笑逐颜开，唱起歌，跳起舞，如神助一般。一个热情的人所到之处，便会在人群中散发着暖意，融化一切偏见和敌意，使交往对象敞开心扉。热情可以使你结交很多朋友，也可以让陌生人对你微笑。

人活着就是为了生活更快乐，更幸福，而幸福的生活要自己努力争取。怎样才能让自己对生活充满热情呢？

重视自己的生命

人只有爱自己的时候，生命的能量才会传达出来。爱自己是对自己负责任，是实现自身价值的需要和前提。爱自己的人才会爱他人、爱大家。

树立一个目标

有了目标前进才有动力。注意目标不要太高，要符合自己的实际，要留有余地。每当你实现自己的目标时，你的自信心会增强，你的热情会提高，这是一种强化。

找乐趣充实自己

放大开心快乐，缩小痛苦伤心，你会发现自己开心快乐许多。听听高兴、鼓舞人的音乐，看一场你喜欢的电影，做你喜欢的事情，从事有益的娱乐与教育活动，与积极心态者共进午餐，晚上多与自己的爱人谈谈心。快乐是自己找的，点点滴滴都是快乐的源泉。

调整情绪

当情绪低落时，不妨去看一下世界上除了自己的痛苦之外，还有多少不

幸。如果情绪仍不安静，就积极地去和这些人接触，给他们以辅助，重建自己的信心。遇到不好的事，要换个方法变个方式思考，你将大有收获。

改变习惯用语

避免使用消极性的自我描述用语，如“我就是这样”“我不行”“我没希望”“我真累坏了”等。这些话可以改成“我能行”“我可以试试”“这次会成功”“忙了一天现在心情真轻松”。

生活是多姿多彩的，我们应该充满热情地投入生活，像向日葵始终追寻着阳光的方向一样，活得很充实，很饱满，很精彩。

给自己找事干

诺贝尔经济学奖得主布堪纳迷恋美式足球，从不错过每年 1 月间的季后赛。原本一场 60 分钟的比赛，少不了犯规、换场、中场休息、伤停补时、教练叫停等，这样要耗费很多时间。

有一天，布堪纳突然感到，花这么长的时间在电视机前看比赛很浪费时间，竟至产生了罪恶感。然而，球赛又不能不看。为了在心理上找到平衡，他决定给自己找点事干。他记得曾经从后院捡了两大桶核桃，于是就把这些核桃搬到客厅里，一边看电视一边敲核桃，这样或许能心安理得一些。

布堪纳一边看球一边敲核桃，同时还在不停地思考：为什么自己长时间坐在电视机前会有罪恶感？为什么自己这么一会儿没劳动就心里觉得不塌实？在不断地敲核桃的过程中布堪纳悟出一个道理：人不能饱食终日，无所事事，人必须有事做，除了为赚钱而劳动之外，凭借每天工作的进行，可以满足心理上的欲望，并借此肯定人生的价值。

一个人不思追求、无所事事，会感到百无聊赖、闲散寂寞。不思追求，失去人生的奋斗目标，就不会有奋斗的乐趣和成功的欢愉。无所事事，就会感到生活无聊、心灵空虚，就会感到寂寞难忍。为了摆脱这种心理上的饥饿，就有可能寻求刺激去抽烟、喝酒、赌博甚至闹事，以此来排遣时间，个别的还会走上犯罪的道路。人心是空洞的，于是就往里填充，可是填充的并非真正有价值的东西而是垃圾。这种消遣是我们的最大不幸和苦难，使我们不知不觉地消灭自己。

如果你感到空虚了，说明你需要行动了。你要给自己找点事情做，做事情会让你体验到幸福快乐。人的生命是有限的，因而时间弥足珍贵。我们虽然不能绝对地延长寿命，但通过善用时间的好习惯，却可以相对地将生命延长。这样就等于扩充了有限生命的内涵。

人活一天，就要有一天的价值和意义。如果你是个游手好闲、无所事事、放浪形骸的人，那你心中一定没有责任感，对自己对他人都不负责任。没有责任感的人从来不会为自己的前途着想，也不会为自己的人生努力奋斗，永远不会得到别人的信赖和尊敬，也就失去了在社会中生存的空间。

我们并不仅仅是只为自己而生存，除了为自己的幸福而生存以外，也为别人的幸福而生存。每个人都有自己要履行的职责，职责的范围没有固定的界限，它存在于生命的每一个岗位。在我们的一生中，无论是富有还是贫困，是幸福还是不幸，我们都无法选择，但我们却能够选择去履行那些在我们身边无时无处不在的职责。

著名化学家格林尼亚出生在法国瑟儿堡一个有名望的家庭，他的父亲经营一家船舶制造厂，有着万贯家财。在格林尼亚青少年时代，家境的优裕、父母的溺爱和娇生惯养，使他在瑟儿堡整天游荡，盛气凌人。他没有理想和大志，根本不把学业放在心上，整天梦想当上一位王公大人。

他长相英俊，生活奢侈，瑟儿堡不少年轻美貌的姑娘都愿意和他谈情说爱。在一次午宴上，他却受到了沉重的一击。一位刚从巴黎来到瑟儿堡的美丽女伯爵不客气地对他说："请站远一点儿，我最讨厌被你这样的花花公子挡住视线!"这句话如同针扎一般刺疼了他的心。他猛然醒悟，开始悔恨自己过去荒唐的行为，产生了羞愧和苦涩之感。他立志发奋学习，要追回过去虚度的光阴。

格林尼亚离开了家，留下了一封信，写道："请不要探询我的下落，容我刻苦努力地学习，我相信自己将来会创造出一些成就来。"格林尼亚来到里昂，拜路易·波韦尔为师。经过两年刻苦学习，补上了过去所耽误的全部

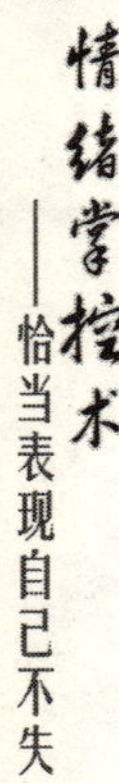

课程，进入里昂大学。

在大学期间，格林尼亚的苦学态度赢得了有机化学权威菲利普·巴尔的器重。在巴尔的指导下，他把老师所有著名的化学实验重新做了一遍，并准确地纠正了巴尔的一些错误和疏忽之处。终于，在这些大量的平凡的实验中格氏试剂诞生了。

格林尼亚一旦打开科学的大门，他的科研成果就像泉水般地涌了出来，仅1901—1905年，他就发表了200篇左右的论文。鉴于他的重大贡献，瑞典皇家科学院授予他1912年度诺贝尔化学奖。

人生是短促的、有限的，你是否如朱自清先生那样洗脸时也能感觉到时间从指缝里流过？如果一个人的青春时光是在闲散中度过，那么，他回忆岁月时将是一场凄凉的悲剧。时光不可倒流，我们要善于利用每一天的时间，从而提高人生的效率和质量。

不要睡懒觉

睡懒觉是一个坏习惯，不利于健康。长时间睡眠会破坏心脏活动和休息的规律，使心脏收缩乏力，稍一活动便心跳、疲倦、全身无力，长此以往，会形成恶性循环，导致身体衰弱。贪睡的人因为卧室里空气混浊会经常感冒、咽痛等；肌肉和骨关节因为得不到修复，起床后时常会感到腿软、腰不适、肢体无力；不按时进餐，胃肠经常发生饥饿性蠕动，久之易得胃炎、溃疡病。睡懒觉的人体内生物钟节律变乱，会夜间睡不着，白天心情不悦、疲惫、打哈欠，神经系统功能失常，经常感到昏昏沉沉、无精打采。习惯睡懒觉的人要给自己暗示，每晚临睡前对自己说：“少睡早起。”早上醒了赶紧起来，洗脸刷牙，然后适当的运动一下。

找一些事情做

一个人在生活中有做不完的事，就不会感到无聊。无聊最大的起因便是无所事事，我们应该想方设法充实自己的人生，让生活更丰富多彩一些。即便你有用不完的钱，根本不为生活而发愁，也可以多找一些富有文化精神的事情来做。总之，不要让自己闲下来，当然也不要让自己忙得承受不了。

活着要有目标

人生中一定要有目标，无论是崇高的还是现实的，无论是遥远的还是眼前的，也无论是抽象的还是具体的，生活总得要有所追求。人们生活艰苦，容易目标坚定，方向明确；即便衣食无忧，也应该构建出更高的生活目标和人生理想。如此生活才能充实，生命才能滋润，我们才不会陷入无聊之中不可自拔。

生命只有一次，时光的流逝是那样迅速，我们没有任何理由不去珍惜，没有任何理由不把人生安排好。我们要善于寻觅人生中有意义有价值的事物，要常常保持生命的活力，不断树立起新的人生目标，要过充实而有意义的生活，别让无聊之类的负面人生态度蚕食宝贵的生命时光。

学会烹调生活

一位老人，在退休前不久妻子去世了。他非常悲伤，每天晚上下班回家后就坐在电视机前，一直看到睡着为止。他的白天过得还不算糟糕，在工厂里他是个受人尊敬的质量检验员，工作成了他的精神支柱。

然而，现在他退休了，再也没有工作了。寂寞一下子成了他生活的全部内容。很少有人会来拜访他，甚至很少会有人给他打电话，人们似乎忘记了他的存在。老人迅速地衰老了，可他只有 62 岁。

老人的女儿为此焦急万分。她记得在她母亲活着的时候，父亲的性情总是那么开朗，精力总是那样充沛，好像没有什么东西能够难倒他。可现在……还有什么东西能够重新唤起他对生活的兴趣呢?

一个周末，女儿提着一只食品袋和一个长方形的礼品小包来看父亲。

“那是什么?”他看着那个小包问道，“今天又不是我的生日。”

“这是我给你的礼物，”女儿说，“你老是吃腌肉，我真担心你会营养失调。”

老人打开了礼物。“是本烹调书?”

“是的,”女儿说,“这是给初学者用的。你喜欢吃的菜肴,比如实心细面条、炖菜等,这里都有。”

女儿走了以后,老人将这本烹调书从头到尾地翻了一遍,然后认认真真地开始阅读了起来。没过多久,他就出去买来了许多食材。第一次的试验是做他最喜欢吃的烤肉糕。根据烹调书上提出的要求,他照葫芦画瓢地做了一遍,竟然做得相当成功。他觉得自己从来没有吃过这么好吃的烤肉糕,而且更重要的,这是他亲手烹调的!从此,一发而不可收,烹调成了他生活的一种需要。

很快,他又不再满足于仅仅是为自己烹调了。这时,他对自己的烹调技艺已十分自信,觉得完全可以在众人面前露一手了。于是,他开始邀请邻居和朋友到自己家里来吃饭,他烹调的一道道鲜美的菜肴果然赢得了人们的啧啧的称赞。他也经常得到邻居和朋友们的回请,他又结识了许多新朋友。他的客人随之越来越多了,他买了一本又一本的烹调书,他学会了一道又一道的新菜肴。

老人不再感到孤独和寂寞,他又变得那么开朗,那么生气勃勃了。生活对于他,又展现出了迷人的魅力。

生活就像一间大厨房,幸福品位的高低并不取决于食材是否昂贵,不善于烹调,山珍海味也会形同鸡肋、味如嚼蜡;而烹饪一成不变的食材,除了聊以果腹,我们的生活也会患上营养不良,所以不时地尝试着变换一点儿花样,哪怕只是一道小菜,生活也会因这个小动作而变得情趣盎然。

心理学上有个“涟漪效应”:你在生活中所作出的改变,无论它看上去是多么的微不足道,对你有生之年的影响都会像将一块石子扔进池塘一样,会产生一圈又一圈的涟漪,一直会影响到池塘的边缘。生活就是这样,有变化才有生机,才有快乐。我们一直在学习让自己的生活丰富些,充实些,但是我们首先要学会打理自己的生活,衣食住行,和朋友偶尔聚会,和家人一起去旅游或者做些活动。我们要把握好时间,充实自己,时光如流水,要好好珍惜每一天。

过有趣味的生活

当年梁思成在美国留学时，所学建筑专业比较枯燥，父亲梁启超写信建议他选一两样娱乐项目，比如音乐、文学、美术等。这样，生活不至于单调乏味。梁启超自己是一个主张趣味主义的人，他希望孩子也学会他的趣味主义。过有趣味的生活，人才能够获得丰富的滋养，拥有鲜活的生命状态。除了工作，爱上一点什么吧！音乐、文学、收藏、绘画等，有了爱好，人生就会多一个亲密而浪漫的伴侣，陪伴你走过一个个缤纷的四季。爱好还能让你结识到志同道合的朋友，扩大你的生活圈子与视野。试着从不同方向找出兴趣，生命会更开阔。

做一个创意生活家

缺乏想象力和洞察力，缺乏寻找事物可能性的习惯，以及驱使我们奋斗的东西，这些已是一个普遍现象。别让一成不变的生活腐蚀生命的热力，眼睛看到的、耳朵听到的、心灵感应的，都可以触发一个有创意的想法。用你热爱生活、善于发掘乐趣的心去做一些创意吧，有创意生活才会更精彩！

和自己赛跑

学习和自己比，忘记曾经拥有的分数，现在要关注的是，如何让今天过得比昨天好。只要今天的你比昨天的你更充实，只要今年的你比去年的你更睿智，只要现在的你比以前的你更懂得什么是幸福，就是进步，就是快乐。用心去发现，便能看到比生命更宽广的蓝天。

学会爱和感恩

当你带着厌倦的心情生活时，再多的努力和爱好都不能让你感受生活的丰富多彩。你要学会去爱和拥有一颗感恩的心生活，去品味生活给你带来的美、人与人沟通和相处的美，忙碌中的疲惫、流淌着辛勤的汗水，让你懂得了休憩的快乐和欢欣；守护在身边的亲人、给予自己帮扶的友人，让你懂得了亲情与友情的甜美；有目标的生活、不放弃努力的追求，一切让你心存感激，用心活过每一天。

如果因为生活单调乏味、缺少变化而感到无聊、压抑，那么就应该注意培养广泛的兴趣和爱好。做一个生活有情趣的人，一个懂得享受生活的人，一个注重生活细节的人，一个能给人带来快乐的人。

尝试改变自己

美国拉沙叶大学的一位业务员前去拜访西部小镇上的一位房地产经纪人，想把《推销与商业管理》课程介绍给他。那位房地产商人显然听得津津有味，听完之后却迟迟不表示意见。

业务员只好单刀直入了："你想参加这个课程，不是吗?"房地产商人无精打采地回答："哎呀，我自己也不知道是否想参加。"业务员对这种难以迅速作出决定的优柔寡断的人见得多了，他站起身来准备离开。接着他采用了一种多少有点刺激的技术，说出了使房地产商人大吃一惊的话。

"我决定向你说一些你不喜欢听的话，这些话可能对你很有帮助。先看看你工作的办公室，地板脏得怕人，墙壁上全是灰尘。你现在所使用的打字机看来好像是大洪水时代诺亚先生在方舟上所用过的。你的衣服又脏又破，你脸上的胡子也未刮干净，你的眼神告诉我，你已经被打败了。在我的想象中，在你家里，你太太和你的孩子穿得也不好，也许吃得也不好。你的太太一直忠实地跟着你，但你的成就并不如她当初所希望的。在你们刚结婚时，她本以为你将来会有很大的成就。现在，我告诉你失败的原因，那是因为优柔寡断的你没有作出一项决定的能力。在你的一生中，你一直养成一种习惯：逃避责任，无法作出决定。如果你直接告诉我因为没钱才如此犹豫不决，我还会同情你，但你却承认你并不知道你究竟参加或不参加。你已养成逃避责任的习惯，无法对影响到你生活的所有事情作出明确的决定。"

这位房地产商人呆坐在椅子上，下巴往后缩，他的眼睛因惊讶而膨胀。或许，业务员戳到了他的痛处。突然，房地产商人竟然抱头哭泣起来。最后，他努力地站了起来和这位业务员握着手，感谢他的好意。他要了一张空白报名表，答应报名参加《推销与商业管理》课程，并先交了头一期的学费。

三年以后，这位去掉了优柔寡断弱点的房地产商人开了一家拥有 60 名业务员的大公司，成为当地最成功的房地产商人之一。

如果不想生活在空虚无望的日子中，就要尝试改变。只有你内心愿意改变，你才能扭转现在的处境。这个世界不可能改变它自身去酬劳你，你必须在你的生活中创造积极的东西，对你做事的方式进行一些改变。

世界在改变，人也要随之改变。改变就是去做自己害怕做的事情；改变就是要敢于突破自己现有的舒适空间，重新建立新的生活秩序；改变就是做你过去不习惯做或是不喜欢做的事情，不断打断你过去固有的惯性。人必须培养不断寻求变化、突破自我的能力。

英国最古老的建筑物威斯敏斯特教堂，是英国最出色的哥特式建筑，每天吸引着来自世界的游客，人们在赞叹威斯敏斯特教堂建筑艺术的同时，还从中了解了一点英国的历史。因为这里长眠着亨利三世等 20 多位国王，憩息着牛顿、哈代、狄更斯、达尔文、吉卜林以及第二次世界大战中“不列颠之战”牺牲的皇家空军将士。在一个不显眼的角落的一块墓碑上刻着一段非常著名的话：

当我年轻的时候，我的想象力没有受过限制，我梦想改变这个世界。

当我成熟以后，我发现我不能改变这个世界，我将目光缩短了些，决定只改变我的国家。

当我进入暮年以后，我发现我不能改变我的国家，我的最后愿望仅仅是改变一下我的家庭，但是，这也是不可能。

当我现在躺在床上，行将就木时，我突然意识到：如果一开始我仅仅去改变我自己，然后，作为一个榜样，我可能改变我的家庭；在家人的帮助和鼓励下，我可能为国家做一些事情；然后，谁知道呢？我甚至可能改变这个世界。

这个墓志铭对人有很大的启发。大多数人想要改造这个世界，遗憾的是

很少有人想改造自己。在许多情况下，我们不可能改变环境，唯一可行的是改变自己。只有改变自己，才能以适应环境，让生命在有限的时空中得以延续。

现在，让我们来看看如何才能达到改变自己的目标。

克服自身的惰性

人都有惰性，人都害怕改变自己，尤其当这些改变让我们和过去的生活方式、思维模式彻底说“再见”的时候更是如此。有时候我们能克服这种恐惧，来点儿大变革，把自己从某些极端糟糕的生活方式中拯救回来。如果你确实感到了自己有惰性，并且想有所改变，就从小事开始，一步一步地来，坚持下去。

破除来自他人的阻力

周围的人和你一样，往往也都害怕改变。面对你的改变，他们可能会表现得很消极，甚至是积极地对你的努力加以阻挠。遇到这样的情况，你可以想想办法。你要能找出一个折中的办法，这样既不影响他人，也不耽误自己。

从过程中找到乐趣

改变自己时会有不适应。人偶尔勉强自己是可以的，要长久这样是不可能的。如果你确实讨厌跑步，跑步肯定不会成为你的爱好。当你开始做一件本来“不太喜欢”的事，不妨尝试从做的过程中去发现一些有意思的地方，说不定将这些小乐趣积累起来以后你会真地喜欢上它。

保持新鲜感

再喜欢的食物，吃久了也会腻，你得有一颗时时刻刻都寻找新乐趣的心。找到了乐趣就尽量去享受，认认真真，不要三心二意，即使你已经是某方面的行家，也不妨尝试换个方式来做事。或者当做自己不会，从零开始再学习一遍，这样往往都会从旧事物中得到新收获。最后，多找些新朋友来分享你的成果，独乐乐不如众乐乐。

自我鼓励

很多时候，我们会因为努力去做但没有实现计划而沮丧。一味的感到气馁会让你掉进陷阱，让你忘掉你已经付出了多少努力和汗水。事实不是这样的，事实是长征路上的每一步都是一场小小的胜利。所以，要多鼓励自己，别气馁，加油坚持下去，胜利就在眼前。

人需要不断改变自己，不断进步。无论你做出的改变是暂时的还是长久的，它都将会是值得的。在你改变自己的同时也磨炼自己的意志，可以更好地适应生活。改变自己是对自己的再认识和再创造，是一个自我完善的过程，需要让坚持下去成为一种习惯。

第三章

放松就好，远离心理强迫症

强迫型人格障碍

生活中有这样一些人：写字很工整，稍微有一个不满意的就会马上擦掉或是将整张纸撕掉重新再写；穿鞋子一定要有固定的顺序，如果不小心先穿了左脚，也会脱下来重新再穿一次；总是感觉洗手洗不干净，频繁洗手；出门后突然觉得门没有锁上，或者燃气灶没关上，返回看看才心里踏实。这种现象在心理学上叫“强迫型人格”，它出现的原因是多方面的，比如来自社会上的压力，来自于家庭环境的影响等。

针对这种社会现象，心理学家给出了更加合理的解释：强迫型人格属于一种比较常见的人格障碍。如果单纯的从字面上解释“强迫”这个词，强迫意味着不自由。强迫是一种对规则的完全服从，比如一些安全的规则、正确的规则、干净的规则，通过服从这些规则，可以避免不安全感、可以逃避不洁感、可以避免犯错。比如有洁癖的人，每时每刻都在追求干净、整洁和一丝不苟，这是因为接受到的教育曾经告诉过他，只有保持干净才是正确的，所以就这样去做了。

强迫型人格具有的主要特征是要求严格，追求完美，具有强烈的自制心理和自控行为。这一类人在日常的生活中经常会有不安全感，对自我也十分的克制，甚至会过分注意自己的行为是否正确、举止是否得当，因此变得特别死板。在处事方面，过于谨小慎微，常常由于过分认真而注重细节，遇事优柔寡断，难以作出决定。与人相处不能平易近人，缺乏一定的热情和幽默感，几乎没有朋友。

小光出生在一个普通工人家庭，家里兄妹四人。因为家境不太好，爸爸妈妈的脾气都不好，经常吵架，甚至还会大打出手。小光的童年就是在父母的争吵中度过的，没有感受到太多的童真与快乐，他的小小心灵受到了很大的伤害。

他 8 岁时，一天下午，小光正在家里和一群小伙伴玩捉迷藏，小光躲在

了柜子里。正当大家玩得高兴时，爸爸满脸怒气地冲了进来，一把把小光从柜子里拉了出来，摔在了地上，然后还狠狠地揪住小光的耳朵一顿大骂。小光当时非常害怕，吓得都不会哭了。

后来，他总是害怕见到自己的父亲。甚至在后来的生活中，小光只要一见到家里的那扇柜子，就会浑身冒冷汗，莫名的害怕不安。一直到后来成年，小光都没有摆脱掉这种恐惧感。现在，小光每天去公司上班时，常常是走了一半就要回来。他总觉得家里的门没有锁好，一定要回来再次查看一下，并且要反复的检查，确信自己已经锁好门了才去上班。

生活中的担忧已经严重影响到他的工作。每天魂不守舍，工作效率极低，经常会丢三落四。同时，在公司里他与同事相处得也不愉快，经常会发生冲突，总是希望别人按照他的想法去做，稍有不顺心的时候就会与人起争执。小光就这样，每天都生活在一种恐惧与紧张的状态之中，经常为了一些小事儿担心害怕，影响到了正常的生活、工作、交往。

小光是一个典型的强迫症患者，这类人在大脑中经常会反复出现某种明明知道是无意义但却控制不了的想法、观念或行为意向。显而易见，小光这种性格的成因是因为小时候受到了不好家庭环境的影响所致。

具有强迫型人格的人，每天都会感觉很累，因为心中时常会出现莫名的不安全感，就会处于一种紧张和焦虑的状态。因为处理不好与同事、朋友的关系，生活很单调，爱好也不多，对生活缺少激情。

如果有强迫人格，应及时进行相关的治疗，摆脱它对生活造成的困扰。要试着去放下和抛弃心中的这些不安，当心中出现了某种强烈的想法或是观念的时候，也不要刻意再去压抑自己，而是顺从内心的想法，这样就会使心灵得到平静，内心得到安宁，自然就不再会有莫名的紧张和焦虑。

顺其自然不多想

有时，我们的潜意识很奇怪，你越想控制越控制不了，你越在乎它会影响你，它就越影响你。在生活中要学会顺其自然，不要苛求自己，按照正常的程序做事情，完成后也不要再去多想。这种调节方法可以缓解患者内心的紧张与焦躁，有益于消除人格障碍。比如，你觉得门总是没锁好，那也“随它去”，不要时刻惦记这件事情，更不要回家看。多坚持几次，这种担心的强迫症就会缓解很多。

积极的心理暗示

日常生活中，心理暗示是最常见的心理现象，它是一种被主观意愿肯定的假设，由于主观上已肯定了它的存在，心理上便竭力趋向于这项内容。强迫症就是消极的心理暗示引起的。心理暗示也能对人产生积极作用，如果是怕自己忘记锁门，你可以出门前确定把门窗关好，再告诉自己：我已经关好门了，现在要好好享受门外的生活。

调节自身性格

强调正面观点，减轻负面看法，别让你成为自己最坏的敌人。世事难以尽善尽美，放松些。要有意识地努力克服敏感、急躁、好胜等性格，改变过于刻板、过分认真的做事方法，不过于认死理、钻牛角尖，树立信心，勇敢乐观地面对挫折。

转移注意力

当反复进行强迫思考和强迫行为时，思维会专注于一点，这时最重要的是想办法转移注意力，尽快脱离现实症状。找点自己喜欢的事做，任何有趣的、建设性的行动都可以。如参加散步、运动、听音乐、读书、玩电脑、打篮球、写作、画画、制作工艺品、休闲娱乐等，分散自己的注意力，摆脱不良的思维，抑制病态的兴奋点，有助于改善自己的不良心境。这种方法要坚持下去才会有效果。

多交知心朋友

人类需要一种群体生活才能感到安全与快乐，任何人想要快乐生活，朋友肯定是极其重要的一个因素。朋友可以帮你分担痛苦，可以帮你共渡难关。有强迫型人格的人也需要交接一些知心朋友，当内心不安、焦躁的时候可以找好朋友聊天，出去散步，从朋友的关怀中感受安全与温暖，以此来舒缓压力，放松心情。

有强迫型人格的人应该有牺牲的精神和放弃的勇气，放弃自己原来的生

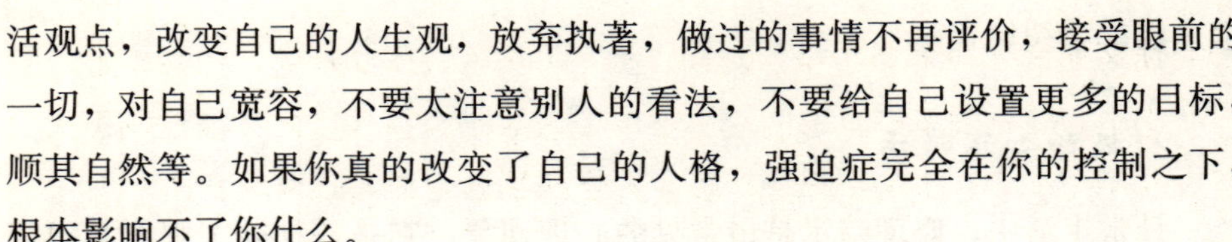

活观点，改变自己的人生观，放弃执著，做过的事情不再评价，接受眼前的一切，对自己宽容，不要太注意别人的看法，不要给自己设置更多的目标，顺其自然等。如果你真的改变了自己的人格，强迫症完全在你的控制之下，根本影响不了你什么。

完美主义陷阱

1927 年，美国心理学家紫格尼克做了一个实验：给 138 个孩子布置了一系列作业，让他们完成其中的一部分，另一部分则令其中途停顿。一小时后对这些孩子进行测试，结果发现多数孩子对中途停顿的作业记忆犹新。

紫格尼克得出结论：人们对已经完成的工作或是事情很容易忘记，因为自己心中的“完成欲”已经得到了满足，而恰恰是那些没有完成的事情终日萦绕在我们的脑海，久久不能忘怀，总希望尽最大的努力去完成它。这种力图把一件事情做完美的心理倾向就是紫格尼克效应，又称自圆心理，就好像老师让你在纸上画一个圆，在即将交接处留出一小块空白，等你再回头去看这个并不完美的圆圈时，肯定会有冲动想要去把这段没有连接上的地方补上，这才是一个真正的圆圈。

生活中总有一些完美主义者，期待着任何事情都能有一个完美的结局。即使有些时候个人的能力有限，或是客观的条件不具备，他仍固执地不放手，还抱着最后的一丝希望，祈祷结局能如己所愿。自圆心理犹如一把双刃剑，可以激励人们不断地去完善某件残缺的事情，将事情最终完成；另一方面，自圆心理容易让人走进死胡同，因为固执好强和虚荣心的作怪，在潜意识中一心只想着把事情做完，不想看到事情不了了之的结局，害怕这种不良结局的出现，于是找到各种理由，就是想把事情完成，给自己一个交代，却没有考虑到现实中的各种客观因素，以至于使自己陷得太深，不能自拔。

徐文亮是一家大型文化传媒公司的部门主管，工作追求事事完美。有一次，猎头公司找他，给他介绍同行业很著名的一家公司，希望他去做副总经理。徐文亮没有马上答应，他解释说："我的部门年轻人多，经验不够，我放心不下，还是想多带带他们，让他们尽快地熟悉业务，而且最近我手头上还有几个正在洽谈中的订单没有签，等合同签订完了我们再沟通。"

的确，手头上有几个大单子一直没有签下来，这让徐文亮心存不甘。这几笔大生意，他已经跟进了很长时间，付出了很多的心思，他一心想把单子签下来，这样才心安，才可以完美地跳槽，寻求职业更大的发展。

因为经济危机的原因，徐文亮部门的几个得力职员辞职了，他手上的这几个大单子已经很难签下来了。即使他每天拼命在打电话，找朋友帮忙，可是事情还是不遂人愿。这一直没有着落的合同把徐文亮困扰得每天都睡不好觉，神经紧张，茶饭不思。没撑多久，徐文亮的身体垮了住进了医院。

徐文亮敬业负责，体现了良好的职业素养。机会来临时，他考虑到了跳槽，想把没有完成的事情实现了再离开，完美主义情结让他失去了很好的机会。你是否这样呢？为了完美，你宁可花费绝大部分的精力去修补那一点点的、无所谓的遗憾。好好想一想，你是不是在做这样的蠢事：

你因为鼻子上有一块不用放大镜就看不到的斑点而不敢照镜子，甚至要去整容；你一直在审视家中的地板是否清洁，有一点污物就彻底地清扫一番；你不能容忍自己头发有一点点杂乱；你不能让家中有任何凌乱的现象；你说的话绝对不能出任何错误，否则就不开口；打球的时候，你总是想大比分胜过对方；你一直在寻找你心中最理想的配偶，但是至今你仍然是孑然一身；你为一个项目做了多个计划，但是你却很难决定用哪个计划；你认为你没有十足把握通过一个并不重要的考试，就请病假。

如果你选"是"的居多，那么你肯定有问题了。在你努力做这些事情的时候，你承担的是孤独、焦虑、紧张、怀疑，你的神经在经受着一次又一次的折磨。就算你在这方面能做到相对完美，人们也不会给你太高的评价，最多说一句："噢，不错，看起来确实不错。"仅此而已。

你觉得完美的事情，别人不一定觉得完美。头发一丝不乱是美吗？光溜溜的头发未必人人喜欢；你总喜欢把家里收拾得一尘不染，你可能有洁癖，这真是个令人讨厌的毛病；你把工作做得十全十美，你的上司却在想：这个家伙怎么这么认真？难道他只有这么一件事要做？

总纠缠在一些细节的精确上，来回衡量。追求完美耗费了你毕生的精

力，当老的时候回过头去看，你会发现，除了某件事做得不错，其他的事简直就是垃圾。我要提醒你，你的一只脚已经跨进了那个漂亮精致的陷阱。

如果一个人的心理张力、完成欲过分强烈，则对身心健康、精神状态的平衡协调起不利作用。我们就要自觉地对心理张力予以恰当的调节，既要避免懒惰病，又要克服至善论。

请勿过度求全

人无完人，金无足赤。世界上没有什么事物是完美无缺、至善至美的，许多遗憾是无法避免的。凡是尽善尽美的规划，都是工作衰退的征兆。凡是由至善论驱使的过度的完成欲，也是心理失常的征兆。我们在做事情的过程中，不必过分苛求自己，应该把时间与精力放在更多的事情上。学会告别完美主义，消除自己精神上的压力，这样才会在新的道路上走得更远，做得更好。

认清自己的内在潜力

根据个人的能力来做事情，在自己的能力范围之内来完成自己能够完成的事情。凡事要根据个人的实力来定夺，如果不能完成就要及时抽身而退，不要一味地为了追求完美，不顾个人的潜在能力而盲目地坚持，这样实际上是一种浪费，浪费时间和精力。

把事情划分等级来完成

把手头上的事情分为最重要的，次重要的，不重要的。然后按轻重缓急一件一件地去完成，即使有些不能完成，也一定会有一件能够完成得很好，这样我们的心理就比较容易平衡了。心理平衡之后，就容易放下精神上的压力与负担。

世界上并不存在十全十美的人和事，只要努力了，对自己来说就是最好的。不做完美主义者，承认和接受自己有犯错误的可能，对生活、对学习也不应太苛求，看问题时不可太绝对，要学会相对比较，同时保持乐观的心态。

不再杞人忧天

从前杞国有一个人，他常会想到一些奇怪的问题。有一天，他吃过晚饭后拿了一把大蒲扇，坐在门前乘凉，自言自语："假如有一天，天塌了下来，那该怎么办呢？我们岂不是无路可逃，将活活地被压死，这不就太冤枉了吗？"从此以后，他几乎每天为这个问题发愁、烦恼。

这就是杞人忧天的故事，它的主要意义在唤醒人们，不要为一些不切实际的事情而忧愁。在我们的生活中也有一部分人像"杞人"一样，经常因为某件小事的刺激，即使事情和自己没有多大的关系，他也会不自主地将这些事情和自己甚至是家人联系在一起，进而引发一些不必要的焦虑与不安，时间一长很容易诱发新的疾病，或是阻碍正常的生活。

一个人乘坐的汽车突然发生车祸，虽然自己没有受伤，感到侥幸、宽慰，但事后一想到这件事心里就发抖，这就是焦虑。一个人面临会见重要人物、登台表演、等待可能来的录用通知时都可能产生焦虑。焦虑是一种没有明确原因的、令人不愉快的紧张状态，适度的焦虑可以提高人的警觉度，充分调动身心潜能，如果焦虑过度则会妨碍你应付、处理面前的危机，甚至妨碍你的日常生活。

陈阿姨和老伴都退休了，在家享受着天伦之乐，帮着大儿子看孙子，小女儿在美国某大学里攻读博士。陈阿姨天生胆小怕事，有一天在电视上看到了一则新闻：美国的弗吉尼亚工学院发生了一起重大的枪击案，造成了30多人死亡。陈阿姨看完后有些魂不守舍了，担心起远在大洋彼岸的女儿的安全。

此后，陈阿姨经常晚上睡不好觉，还会做噩梦，梦见自己的女儿遭遇不幸。白天精神状况更是不佳，总担心女儿的学校也会发生枪击案。这件枪击案的凶手是亚洲人，陈阿姨担心美国政府因此会改变对留学生的政策和待遇，甚至担心女儿会被驱逐回国。陈阿姨的老伴看在眼里，急在心上，经常

开导陈阿姨说："这些事是你担心的吗？本应是人家美国总统担心的事，你担心有什么用啊？"

陈阿姨说："在美国的大学里学生可以带枪，这多危险啊！说不准哪一天女儿的学校也会发生这样的惨案，女儿受伤了怎么办，发生意外又怎么办？"老伴说："那只是一个偶然事件，没有那么严重。"陈阿姨却说："发生了这样悲惨的事情，一些心存仇恨的人肯定会找亚洲人来寻求报复的，所以亚洲人在那边是很不安全的。"

任由老伴怎样劝说，陈阿姨还是走不出心理阴影。每次一想起女儿来，就会莫名的焦躁不安，心神不宁。事实上，女儿根本就没有事。长时间的处于这种焦虑之中，陈阿姨常常失眠，注意力不集中，经常丢三落四，还出现了头痛、心悸、腰酸疼痛等一系列症状，家人很担心她的健康。

显而易见，陈阿姨的焦虑心理就属于杞人忧天式的焦虑。当遇上不幸之事时，如果不是跟自己的关系很大，那大可不必焦虑不安，就权当是对个人的提醒，避免自己也发生这样的不幸。尽量让自己的心情放轻松，凡事多往好的方面想。

容易焦虑的人与个人的性格也有很大的关系。天生胆小怕事、容易动怒、没有安全感的人往往容易具有焦虑的性格。心理作怪，把很小的可能性在心里无限的放大，进而不断地在心里强化并膨胀，便产生了焦虑。

我们生活在快节奏的社会中，时刻充满了各种意想不到的挑战，保持一份豁达与宁静很不容易。所以，担心不如宽心，从现在起摆脱掉杞人忧天式的焦虑，做一个幸福的人。

正确认识危机

人生中诸如疾病、死亡、破产等很难意料的事件，常影响人的心理。虽然人们完全有能力处理这类事情，但这需要时间，过分焦急不仅于事无补，还会把事情办坏。对危险重新评估，检查证据力求发现危险并非你所想象的那样，想好应付危险的策略。当你能降低对危险的知觉或能增加应付威胁的信心时，焦虑就会减轻。

不害怕不回避

当预感紧张会出现时，你可在头脑中设想一下如何处理它，回想一下过去是怎样对付的，就可以减少焦虑，避免碰钉子。当你试图掩盖某一件事情时，常常带来紧张情绪，但当你抱着不回避的心态坦然面对时，压力无形之中就会减轻，紧张感就会减少。

做建设性练习

正视恐慌，做一个创造性的或者说是有建设性的焦虑练习。这种方法最好采用写的形式，包括回答一些问题：最坏的结果是什么？那会是怎样的？我应该怎么做？我能做点儿什么去防止它或提前做些准备？回答这些问题可能会不同程度地对你有所帮助，它会让你觉得安心并制订计划，付诸行动，你可以变被动为主动。无论是健康问题、经济问题，你都可以面对恐惧，解决难题。一旦这么做了，通常会平静下来，往后再担心就多余了。

回忆快乐的事

回忆或讲述自己最成功的事，可以引起愉快情绪，利于忘掉不愉快的事，消除紧张、压抑心理。回忆快乐的事，带给你的是开心、幸福、满足，愉悦的细节沁在你每一个毛孔里，使得你全身放松。

幻想愉悦的事

生活中因为某事久久不能安心，就主动去想象一些能令自己放松下来的事情。可以是一些美丽的风景：蓝天碧海、习习椰风、海边恋人……这些令人心怡的美景，可以让人的神经放松，减轻压力，从而可以帮助你除去令人焦虑不安的情绪。适当对自己进行这些类似的心理调节，有利于控制自我的情绪，锻造一颗平和心。

多参加集体活动

找一个空闲的时间，让自己走到户外，多和大自然进行接触，从自然界当中去寻求心灵上的片刻宁静。也可以试着去参加一些集体活动，比如郊

游、植树等，在集体的活动中去实现个人的价值，这样就可以增加自信，获得更多的心理支持，一种和谐的人际关系也可以帮你走出焦虑的阴影。

平时多注意休息

平时多注意休息，可以减少你的紧张感与神经质。获得足够的休息对身体极为有益，能使你振作精神，恢复精力。养成按时睡觉的好习惯，不管昨晚睡得怎样，第二天不睡懒觉、不提前上床睡觉，每晚不管睡不睡得着，也要按时上床、按时起床，在床上休息七八个小时为宜。

焦虑削弱人的精力和承受力，你可以通过一种有效而健康的方法专心思考解决问题的途径。对于你无法控制的事，担心也无用；如果你力所能及，就付诸实施。抛开杞人忧天的烦恼，健康快乐地享受生活的每一天。

放松心中的弦

法国心理学家齐加尼克做了一个困惑情境实验：他将接受测试的人员随机分成甲乙两组，然后要求他们在相同的时间内完成 20 项工作。其间，齐加尼克对甲组接受测试的人员进行干扰，使其无法在规定时间内完成任务；对于乙组则毫不干预，让其顺利完成全部工作内容。

实验结果表明，甲乙两组在接受测试期间都呈现一种紧张状态，但顺利完成任务的乙组人员在完成任务时其紧张状态随即消失，而未完成工作的甲组人员却持续紧张状态，他们的思绪依然被那些尚未完成的事情困扰着。后一种情况称为“齐加尼克效应”：在接受一项新任务时，每个人随之都会产生一定的紧张心理，唯有完成这项任务，这种紧张感才能彻底解除；在没有完成任务之前，这种紧张感会一直持续下去。

现代科学技术的高速发展，以及知识信息量的飞速增长，使得人们的心理负荷也日益加重。尤其是工作中没有得以解决的问题，或是没有完成的任务，常常会像影子般困扰着我们，其中以脑力劳动者居多。脑力劳动是以大脑的积极思维为主的活动，并且这种活动是持续不断的，因此这种紧张感会持续存在。

三十多岁的陈晓彤，参加工作已有八年之久了。最近三个月，她跳槽到一家外企高科技信息技术公司。这份工作她很喜欢，待遇很优厚，只是工作强度大了些，需要经常加班加点的工作，并且上司也总对她施加压力。陈晓彤心情异常紧张，神经弦始终绷得很紧，总担心自己的职位不保。

有一次，总经理要找她谈话。为了给上司留下一个好印象，陈晓彤夜里准备了十几个谈话内容，将这些内容背得滚瓜烂熟。当上司与她谈话时，她却紧张得一句话也说不出来。上司很理解她的感受，并且一再安慰她，可是她依旧磕磕巴巴说不出完整的句子。

陈晓彤为了证明自己的能力，在此之后经常加班加点地工作，就连节假日也很少休息。就这样，不到半年时间，身边的朋友都说陈晓彤一下老了许多，而她本人也因为长时间精神紧绷，而经常失眠头疼。

相信陈晓彤的从业感受，很多人都会感同身受吧！既要应付超负荷的工作量，又要面对生活中的各种压力，令人们始终沉浸在一种接连不断的紧张感中，很容易让人们产生紧迫感、压力感以及焦虑感，如果处理不当或应付不来，很容易诱发心理和生理疾病。

紧张是一种有效的反应方式，它是人类应对外界困难和刺激的一种心理准备。因为存有这种思想准备，人类产生了应对外界刺激的力量。然而凡事都有一个度，一个人长期、反复地处于超生理强度的紧张状态中，就容易急躁、激动、恼怒，严重者会导致大脑神经功能紊乱，很可能导致疾病的发生。我们每个人都应该了解一些自我消除紧张感的方法。

在工作和日常生活中，我们出现精神紧张的情绪时，多数人都会习惯性地说："没关系""别紧张""没有什么了不起的"……但非常不幸的是，这种安慰方式似乎很难奏效。有时候，反而更易令人们焦躁不安。这其实是你与自己过意不去的结果，所以更易给自己制造更大的紧张。

心理学研究表明，适度的心理紧张可以成为我们活动的激励因素，只有在这适中的心理紧张状态下，我们才会有较高的劳动生产率和良好的学习效果。例如，人们在考试、评比、竞争等条件下，心理处于紧张状态，这样可以达到促进学习，提高工作效率的目的。但长期处于紧张状态，对人的身心

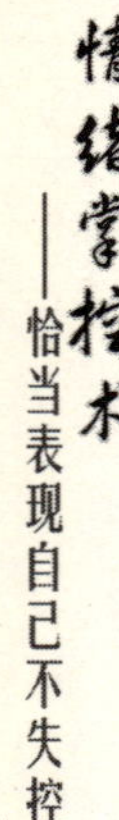

健康与工作效果会产生不良影响。当自己出现紧张的情绪反应时，如何有效地调适呢?

避开紧张源

紧张是由紧张源引起的一种心理体验状态，紧张源既有心理因素也有客观社会因素，紧张既和紧张源有关也和人们对紧张的认识和评价有关。请仔细想想，是什么令你紧张？是对结果特别在意？还是某个场景激发了你记忆中的某个负面经历，令你克制不住地胆怯？我们可以采取回避或躲开紧张源的方式，以减少紧张和由它所带来的不适感。在自我对话时使用更加积极的语言，如“我千万别紧张”就不如说“我心态很放松”。遗忘紧张源应多用肯定性语言，同时也要尽量不去唤醒紧张源。

坦然面对紧张

当你感觉精神紧张时，不要与之生硬的对抗，而是要感受它，体验它，接受它，你可以自问：“我真的紧张吗?”然后慢慢地做深呼吸，以求平静自己的心绪。要知道，紧张是人的正常反应，但是我们不能陷入其中无法自拔，更不要被这种情绪完全控制住，最好将自己置身于局外，要像他人一样观察自己的心理变化，从而缓解自身的紧张。

降低对自己的要求

如果一个人总是争强好胜，凡事尽善尽美，自然会感觉时间紧迫，来去匆匆，任务繁重。反之，如果我们能够正视自身经历和能力的有限性，适当地放低对自己的要求，凡事从长远角度着眼，不过分计较目前的得失，心境自然会相对轻松一些。

采用自我防御机制

常用的自我防御机制有否认、投射、转移、转化、升华、补偿、职离作用、文饰作用和幽默作用等。利用自我心理防护手段，常可起到缓和心理紧张与不安，减轻精神痛苦的作用。

学会调整生活节奏

持续的紧张感是职场狂人的常态，他们似乎拥有做不完的工作，总是觉得工作远远重于生活，长此以往，生理和心理承受着巨大的双重压力，如同紧绷的琴弦。如果不能做到有松有弛、劳逸结合的话，早晚会出现断裂，造成得不偿失的结果。我们要调整好生活节奏。工作学习时，精神要保持高度紧张，做到心无杂念；休息时，要将工作搁置一旁，痛痛快快地玩一场；保证充足的睡眠时间，适当地参加一些文娱、体育活动。

运用一些放松技巧

出现紧张情绪时可以通过听轻松的音乐或专门的放松疗法磁带，调节情绪。紧张时多做深呼吸，或用右手大拇指按摩左手腕内关穴，也可消除紧张。洗澡时可自我暗示：紧张已被水冲洗掉了。

总之，克服紧张情绪有很多方法，但都不是立竿见影的良药妙方，需要一段时间的调整。还要修炼自己的心态，胸襟宽阔、乐观开朗、心情愉快的人，敢于面对现实，一般来说，心理不易紧张。

事缓则圆别着急

急性子是一些人共同的毛病，求好心切也成了许多人解释性急的理由。急躁的人缺乏耐心，遇到比较棘手的工作问题时容易焦急不安，脾气很坏。大多数人忘记了性急坏事的教训，却一而再、再而三地在坏事后遗憾，却又在遗憾后仍然性急。

遇事急躁的人要懂得事缓则圆的道理。世间大多数的人、事、物，以致各种现象都有其所谓的成熟期，在未达成熟期前的等待是值得且必要的。做事总得经过一定的过程才能更完美地成功，操之过急并不等于积极进取，事缓则圆也不表示怠惰因循。在循序渐进中积极筹划，耐心等待一个成熟的契

机，控制自己的急性子，不焦不躁地面对人生许多的事，有了心平气和的态度以及充分时间的准备，终会有一个更好的结果。

有一天，古希腊的国王要工匠为自己打造一顶纯金的王冠，工匠打造出来给国王献上的时候，国王却担心这顶王冠并不是纯金的，虽然重量与拿去的黄金一样重，国王还是怀疑工匠在里面掺了银子。于是，国王就把这样的一个难题交给了阿基米得。这样一项任务，在聪明的阿基米得看来也是颇费脑筋的，经过好些天的苦思冥想，他都没有想出一个好办法来解决这个难题。一天，阿基米得正在澡盆里洗澡，当他刚要坐进澡盆中时，却发现身体有一种被水轻轻托起的感觉，与此同时有大量的水溢了出去。此时阿基米得恍然大悟，于是轻松地运用了浮力的原理，解决了国王的难题。

根据阿基米德成功的案例，心理学家得出了这样的结论：在现实生活中，不管是对科学家还是对于普通人，在遇上棘手的难题时，试着先把这样的难题放一放，也许偶然间就会找到问题的答案。这样经过一段时间的酝酿而将问题解决的现象，就是心理学上的“酝酿效应”。

实际上，酝酿效应的道理很简单，就是告诉大家要懂得适时的休息，让大脑处于一种放松的状态中，经过短暂的休息，大脑会重新变得灵活，这样才会更有利于问题的思考和解决，放松的过程实质上就是一个重新酝酿的过程。

在某个知名大学的操场上，篮球队的教练正在带领队员进行艰苦的训练，因为高校篮球联赛再过一个星期就要正式比赛了。现在不管是教练，还是球队的队员，大家在心中都憋了一口气，希望今年能够拿下冠军，为母校争得最后一次荣光，因为今年的 7 月大家都要面临着毕业了，所以想完成这最后的一次心愿。

当然，教练也理解大家的这份心情，从开始准备到现在已经有一个多月的时间了，在这段时间里，大家每天都绷紧了神经来操场训练，没有一丝的懈怠。现在离比赛还有不到一周的时间了，教练想调整一下训练的思路。队员们长期处于紧张备战的状态，不利于赢得比赛，教练决定给大家放两天假，在保证安全的前提下让队员任意去做自己想做的事情。

队员们对此却十分不理解，都担心比赛呢，想趁着最后的几天再集中训练一番，教练却让大家放假。这个团队是一个懂得信任与服从的团队，虽然队员们不理解，还是听从教练的吩咐，放假回家休息了。

就是这样的一个团队，在比赛的前两天还在尽情地放松，可是在比赛场上，他们个个生龙活虎，精神焕发，没有因为长期的训练而显得疲惫不堪。凭借着平时的训练功底，他们过关斩将，终于走上了冠军的领奖台，为母校争得了荣誉，完成了最后离校的心愿。

现实生活中，这样的案例很多。经常会遇上这样的情况，因为事情比较重要或是比较棘手，所以一时之间，却乱了手脚，不知道该如何入手。酝酿效应可以帮我们解决这样的难题，遇事要懂得适当的休息，暂时把事情放在一边，让大脑得到暂时的缓解，更有利于新思路的打开，当全身心得到了良好的休息之后，再去面对令人头疼的难题，也许你会发现事情没有原先那样棘手了，新的方法也出现了。

在我们进行酝酿的过程中，存在着一种潜在的意识层面的推理，原先储存在记忆中的相关信息在潜意识中会重新组合。人们为什么会在得到一定的休息之后，反而会找到答案呢？这是因为人在消除了先前的紧张心理后，忘记了前面存在的那些不正确的、导致僵局的思路，再次拥有了新的创造性思路。

当你面临着大考、大赛的时候，陷入了糟糕的状况时，有解决不了的问题时，都应该暂时放下这些让人沉重的负担，给自己适当地放个小假，散散步、聊聊天，让身心得到放松，或许就会“柳暗花明又一村”了。学会运用酝酿效应，对我们的生活很有帮助。

适时自我暗示

适时进行自我暗示，可以消除淡化急躁心理。当急躁情绪出现时，就自己提醒自己：“要冷静点，靠着心急能解决问题吗？心急只会把事情弄糟的。”“何必太心急呢？”也可请人在自己有急躁情绪时及时提醒一下，从而帮助自己恢复情绪的常态，以避免急躁心理。

养成冷静的习惯

要看到世界是复杂的，不可能都按我们个人的意愿行事，任何一件事都可能受到其他因素的制约。有时光靠“急”是解决不了问题的，反而易将事

情弄糟。因此，要冷静地思考，慎重地决策，全面地分析各种可能出现的情况，耐心地处理，尽量避免一些偏差，提高办事的效率。如果条件暂时不成熟，尽可能创造条件，耐心等待时机，对不具备可能性的事就改换目标或途径，以免费力不讨好。

急躁使人心绪不宁，常常处于情绪不安的状态，经常把十分简单的事复杂化了，不但忙中出错，甚至使事业毁于急躁。冷静则使人在一种正常的心态下看待事物，对事情实现的可能性有科学的见地和预测，进入理性的思考，千方百计地确定完成目标的具体方案和办法。遇事不慌、有条不紊是自我调整的最有效的方法。

适当宣泄情绪

我有一位朋友，在公司里人缘很好，他性情很好、待人和善，几乎没人看他生过气。有一次，我经过他家顺道去看看他，发现他正在顶楼上对着天上飞过来的飞机吼叫。于是我好奇地问他原因。

这位朋友说："你看，我住在机场附近，每当飞机起落时都会听到巨大的噪声。后来，当我心情不好或是受了委屈、遇到挫折想要发脾气时，我就会跑上顶楼等待飞机飞过，然后对着飞机放声大吼。等飞机飞走了，我的不快、怨气也被飞机一并带走！"我恍然大悟：怪不得他脾气这么好，原来他懂得如何适时宣泄自己的情绪。

压力是生活和工作中的一部分，是真实存在的，我们必须学会宣泄。从心理学的角度来看，压力会造成特别的生理反应，但不是所有的压力都是令人感到不快的。压力是生活、工作的调味剂，人必须有适量的刺激才能更好地生活。适中的压力不仅有利于肌体，也有利于心理上的平衡。

面对压力，大多数人是牢骚满腹，如果把牢骚强压心底，即使憋不出病来，也一定会郁闷烦躁不安。所以要想减轻压力，就要学会用适当的方式发泄。

20世纪20年代，美国西部电气公司坐落在芝加哥的一间名为霍桑的工厂，设备先进，各种娱乐设施配套也很齐全，社会保险和养老金等保障也都做得非常好，但是令厂长感到困惑的是，工人们的生产积极性却很低，生产效率一直提不上去。

为了提高工作效率，工厂请来了包括心理学家在内的各种专家。刚开始，心理学家按照事先设计好的提纲提问，以此来了解工人对工作、工资和监督方面的意见，但是收效甚微。后来，访问权利逆转改为由工人们各抒己见，与此同时，专家们还分别找工人进行单独谈话。

在谈话的过程中，专家们耐心地倾听工人们对厂方提出的不满意见和建议，并且作了详细的记录，对于工人们的不满意见，专家们没有反驳和训斥。在两年期间，研究者前后和工人们谈话的总次数超过两万余次。出人意料的是，两年下来工厂的产量大幅度提高。

很久以来，工人们对自己的工厂有这样或那样的不满，可是都苦于无处发泄，然而，这次谈话实验既让工人们觉得自己被关注了，又为他们提供了发泄不满情绪与提出合理化建议的平台，从而令他们觉得心情舒畅，工作时也特有干劲。社会心理学家将这种奇妙的现象称为“霍桑效应”。

在社会的大舞台上，每个社会角色的扮演者，总要面临这样或那样的冲突，而霍桑效应能在冲突中起到“安全阀”的作用。霍桑效应告诉我们：适当地发泄不满情绪，有助于舒缓情绪，从而提供生命的原动力。

人的一生中会产生许多意愿、情绪，而最终能实现或满足的却为数不多。这样我们自然会克制意愿和情绪，从而压抑内心深处的真实期盼，这样很容易在心理上积蓄能量。虽然，它可能通过别的途径转移，但不会被直接消灭。如果一直找不到宣泄的途径，就会在心理上形成强大的潜压力。

要知道，过分压抑会造成人们从心灵深处与外界日益隔绝，并最终导致精神忧郁、孤独、苦闷和窒息。这种情绪情感一旦控制不住，就会冲破心理堤坝，从而使人显示出一种变态的行为，严重者最终将导致精神失常。

多数人在工作和生活中，难免会遇到各种困惑或不满，但是碍于各种原因，又无法充分地表现出来。你不妨寻找一种宣泄方式，述说自己的不满情绪。宣泄过后，自然会令我们感到轻松、舒畅。

一天深夜，美国的心理医生接到一位陌生妇女打来的电话，对方第一句

就说："我恨透他了！""他是谁？"医生问道，"他是我的丈夫！"妇女说道。医生感觉很突兀，于是，礼貌地说："对不起，你打错电话了。"但是，这位妇女就像没听见似的，继续说："我每天都要照顾四个孩子，他还以为我在家享福。有时，我想出去散散心，他却不同意，而他却说每天晚上都有应酬，鬼才相信。"

在妇女说话的过程当中，尽管心理医生一再打断，表明"我并不认识你""你打错了"，但妇女还是坚持把自己所说的话讲完。最后，她说道："您当然不认识我，可是这些话已经压在我心中很久了，现在终于可以说出来，我感觉舒服多了。谢谢您，对不起，打搅您了。"

俗话说，堵塞不如疏导。人要学会适当发泄从而减轻精神及心理的疲劳，精力充沛地投入到今后的工作和生活中去，在人生道路上走得更加轻松、愉快。

将怨气写纸上毁掉

把你心中的一切怒气、怨气全部用笔写在纸上，让糟糕的思维痛痛快快地发泄出来，心里就会感到轻松一些。无论写了什么话语，写完后就忘了它，过后就烧了它，不要再记起它了，再好好地休息一下，一切都会恢复如常的。这种方法既不会伤到别人，也不会伤了自己的心，完完全全地释放了你被压抑的情绪。

把一切气话说出来

跑到没人的地方，把一切气话完完全全地说出来。无论你说什么都无所谓，发一通无名之火，自然会把压抑的心释放出来的。只要你释放了，心情就会轻松起来了。这样不会伤害到别人，也不会伤害到自己。

运动可以排遣不悦

运动是解决问题最好的方法之一。在运动中心，专业的运动教练会教你如何大喊大叫，扭毛巾，打枕头，捶沙发等；也有的先进行心理治疗，找出导致生气的原因，先用语言进行开导，再让"生气者"做一套专门消气运动量大的"消气操"。所以，当你产生不悦的情绪情感时，不妨选择自己喜欢的体育项目，比如，打打篮球，踢踢足球，练练瑜伽，爬爬山……或是约上三五个朋友玩一场保龄球。这些活动方式都是一种很好的锻炼方式和排遣不悦的方法。

与信赖的朋友倾诉

把自己的心事向家人、好朋友倾诉或是发泄一番，但是一定要注意方式方法，因为任何人都不希望成为出气筒。有时候自己的倾诉也许并不一定能得到别人的帮助，但我们会发现倾诉过后自己的心情会变得坦荡舒畅。

转移阵地升华情调

当我们气恼的时候，不妨将注意力转移到值得高兴的事情上。不能让压力或是烦恼占据上风，应该善于转移阵地，眼睛不要总盯在一个问题上，否则这种打持久战的方式很容易令我们迷失在自我的烦恼当中。把精力投入到更高层次的追求中，以转移对烦恼的注意。

人的情绪不论是正面还是负面，有入口就一定存在着出口，这个出口是正面的还是负面的，它是需要当事人用理智的方式方法来加以调整和解决。遇到了一些不顺心的事情，不要憋在心里，要善于运用正确有效的方法排遣心中的苦恼烦闷，缓解压力，调节情绪，安慰自己。

停不下来的危险

美国有两个富翁爱收藏东西，所积存的物件占据了大房子的所有空间。为了方便在内走动，他们在里面掘出一条又一条的隧道。为防别人偷东西，两人更设计了多个陷阱。有一天，其中一人生了病，另一人想照顾他，却被自制的陷阱困住，两人都死在了堆满物件的房子里。

这是一个关于强迫症的极端案例，有一些患者会不能自控地在家中积存物件，甚至堆积至天花板。还有一些人从身体和精神上都对工作上瘾，很难

将工作狂与努力工作区分开来，在清闲时也会有很大的心理压力。工作狂是一种强迫症行为，严重时会因过度工作而死亡。

郭忠杰是一名医生，他是个大忙人，要上门就诊，要提供咨询，要承担当地医疗中心主任的工作，还要经常去法庭担任法医顾问。他不分昼夜地工作，忽视了生活失控的一些信号，晚上不回家而睡在办公室里。一天晚上，他居然在开车回家时睡着了，汽车失控后撞到东西才停下来。

现代生活，人们疲于应付各种时间表和各种责任，只得拼命干。大多数人努力工作也知道怎么努力地玩，知道如何放松。工作狂却不这样，他们有意去寻求忙碌的生活方式，工作就是一切。他们的座右铭很可能是：我工作，我存在。工作瘾会变得越来越严重且具有破坏性。

在生活中，错过一场电影，我们可以再选择去看一次；错过一次美食，我们可以再找个时间去吃一次；丢掉钱包，我们可以再上街重新买个新的。生命失去了，永远不会有机会弥补回来了。心理学家提出了舒心效应，提醒大家不要活得那样累，适当地去调整一下自己紧张的生活节奏，让生活尽量的有规律，活得舒心一点，洒脱一点，时间久了你会发现，原来放下一些东西可以让生活如此舒心。

利奥·罗斯顿曾经是美国好莱坞最胖的明星，他的腰围 6.2 英尺，体重 385 磅，正常的走上两步就要气喘吁吁。医生多次建议他要节食减肥，尽量减少演出，保养身体最重要。罗斯顿却说："人生在世只有短暂的几十年，我已经有很多钱了，但是还要拼命地去赚，因为我太爱钱了。"

罗斯顿没有听从医生的劝导，在一次演出的时候晕在了舞台上，被人们紧急送往了医院，但还是没有挽留住他的生命。在弥留之际，院长亲耳听到了罗斯顿最后的一句话："你的身躯很庞大，但你的生命需要的仅仅是一颗心!"

后来，院长将罗斯顿的这句遗言镌刻在了医院救济中心的大墙上，以此来警示后人。一转眼 47 年过去了，一天，这家医院的急救中心接收了一名危重病人，美国的石油大亨默尔先生。他是晕倒在谈判桌上的，送到医院经过检查后发现是心肌衰竭。虽然暂时脱离了危险，医生建议要多休养少操劳，但是默尔依然我行我素，不仅包下了医院的一层楼，而且在自己的病房里安上了各种电话和传真机，继续工作着。

有一天，默尔来到了楼下，看到了墙上的那条警示语，询问了医生，知道了整个故事的来龙去脉，他在这个警示语下面伫立了良久。回到病房之后，他立马命人拆掉了所有的电话，精心养病。出院之后，默尔作出了一个惊人的决定，他把自己拥有的数千万元的公司卖掉了，带着妻儿回到了乡下过起了世外桃源般的生活。

后来人们在默尔的自传里找到了答案。原来他是受到了罗斯顿的启示，他说富裕和肥胖没有什么两样，不过是获得超过自己需要的东西罢了。多余的脂肪会压迫人的心脏，而多余的金钱则会拖累人的心灵，多余的追逐更会增加生命的负担。要想活得健康和自在一点，必须尊重自己的生命，舍弃那些多余的财富。

忙不完的工作有时让人身不由己。工作太拼命，不仅损害我们的工作效率和创造力，而且影响家庭和朋友关系。人生不要被多余的东西所累，要学会停下，放下该放手的东西，生活自然就会舒心。

尝试着放手

工作狂得到的是一种冲动，一种缺我不行的感觉。对于自尊心稍弱的人来讲，这种思想是很诱人的。一个曾经的工作狂说："当时我坚信，生意没有我就无法运转，而且我总认为自己能在半个小时里完成三个小时的工作。"现在，他把生意交给了自己的得力助手，学会了放松。

关注身体警告

工作超时超负荷，不仅让人疲惫，还使人变得孤癖、冷淡。如果身体已经发出这些警告，说明你的工作应该马上"减速"，弄清自己是生病了还是该好好休息了，这一点极其重要。

陪伴亲友

工作很重要，家人和朋友同样不能替代。抽时间陪陪他们，会让生活更有意义。

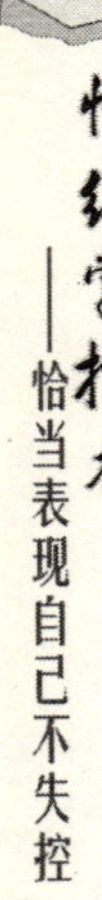

培养业余爱好

找点儿与你的工作完全无关的兴趣爱好，会让生活更加充实，比如跑步、画画、看小说或写作等。这些消遣能给你带来快乐，并让人身心投入，充分放松和享受。

自我反省

如果工作太忙，最好隔一段时间自我反省一下，看看自己的工作状态是否正常。一旦发现加班太多、很久没和朋友联系、不看电子邮件就不自在，那么不妨问问自己："我这么做是为了什么？这样拼命健康吗？"

总之，工作狂非常需要调节，工作、家庭、闲暇、休息应该有一个合适的分配比例，每一部分应有一个适当的位置，不能因为某一方面而压抑了其他方面。要学会静心，可以试试打坐、静坐。学会什么都不做，就是听听鸟叫，看看窗外的树，听听自己内心的声音，这样可以体会到平静、快乐和喜悦。

放慢生活节奏

吴祈月热爱广告事业，大学毕业后加入了一家著名的广告公司，从创意助理做起，一直做到部门经理。她渐渐发现，这个曾经梦想的工作却在每天高强度的脑力劳动中，把曾经的激情一点点地磨掉。

吴祈月差不多每天都失眠，只要一闭上眼睛，脑子里翻来覆去都是工作上的事，有时候做梦都在和客户争论一个广告的创意思路。她的生活状态是，每天早上八点准时出门，拎着笔记本来到公司，上午和同事讨论广告的思路，下午打电话和客户约时间，讨论整理出来的想法。通常，没有七八次的反复很难让对方满意。

在吴祈月的生活中，即使是睡觉，仍然也有一半在做和工作有关的梦。

在最忙的时候，吴祈月推掉了工作之外的所有朋友的联系，大学同学的聚会也因为她每次都告假而再也没人联系她。她把每件事情的最后期限都用红笔在日历上勾画出来，每天看着那个红圈就焦虑得不行。每天工作节奏都快得不得了，到了晚上甚至连中午吃了什么饭都回忆不起来。

现代社会太紧张、太忙碌。本来工作就是为了生活，就算是通过工作来追求个人价值，也是为了提升生活的质量，怎么就那么的本末倒置了呢？好像我们都逃不了这个怪圈。如果你不自己放慢节奏，你的生活节奏就会越来越快，直到你追不上它，那样会更加失败。

有个朋友对我说：“你为什么不换一个单位，那样你会更有发展前途，或许更高一级的单位会更适合你！”我微笑回答：“我喜欢现在的生活，虽然没有多少钱，也不会有多大的发展，虽然也有这样那样的烦恼，但是我熟悉我的工作，工作起来游刃有余，轻轻松松，做好做完了工作我就有属于自己的时间和空间，可以与好友逛街，可以睡大觉、看书、上网、有时间梳理自己的心情文字，可以让心闲下来、静下来，不用那么累。我喜欢这种简单的日子。”

在3年前，我可不是这样的。我从小到大都是急性子，参加工作后，做事干练，雷厉风行。单位同事很善意地跟我说，你要改变一下，不要总是风风火火的，有些事情不要急，慢慢来就好，适当放慢生活的节拍，这样对身体也有好处。

年终了，工作上的事情非常非常多。我一件接一件地做着，连停下来喝口水的时间都没有。下班之时，我觉得整个人都喘不过气来，特别累，一个头都变成两个大了。我放下所有的一切，一个人，从单位门口走到附近的公园，再走回来。这段平时只需二十分钟就可以走完的路程，那天我用了整整一个小时。不去想生活、工作上的任何事情，专心致志地看路边的风景，看路上的行人，就这么毫无思想地走着。回来后，心情平静了许多。

从那以后，我喜欢上了散步，独自一人，慢慢地走。从那以后，我一点一滴地尝试着让自己放慢生活的节拍。从那以后，我的生活有了新体验。工作不再急匆匆，多几分冷静，少几分冲动，心情也就容易平静。生活不再急匆匆，多几分思考，少几分急躁，发现原来身边可以享受的东西很多。到下班时间，尽量准时下班，抛开一切工作，换上运动服装，去打打羽毛球，游

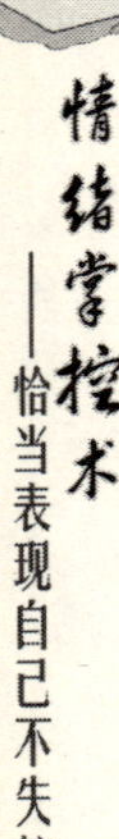

游泳。不再乎有多大的运动量，不在乎花了多长时间，只要流了汗，只要心里觉得舒服就好，然后再优哉优哉地晃回来，做点可口的饭菜，品茶看书，这样的日子真好。

人生一世，忙碌着过是一生，轻松着过也是一生。别人激昂成功地活是生活，我淡然安静地活也是生活。其实，我们对生活的要求并不高，放慢生活节拍，我们就可以得到许多的满足，就可以更多地享受生活。

放慢脚步

人不是机器，精力不可过分消耗。人需要休息、放松和娱乐。我们不时地需要时间来思考一些事情，整理思绪，愉悦身心。现实的生活节拍未必真能慢下来，但你要发现一种快中求慢、动中求静的方法。生活不是速度的竞赛，放慢脚步多注意你的周围，你会品味出许多曾经忽略的美。

忙里偷闲

工作太紧张，日程安排太满，急着加班赶进度，这样的快节奏并不一定对完成烦琐的任务有利，过于拥挤的安排会使你高度紧张，继而产生焦虑情绪。试着把长时间埋头工作的时间适当分割成段，每隔两个小时就抽出 10 分钟休息一会儿，松弛紧张的神经。

远离电脑

整天坐在电脑前，显示屏的刺激和大量的信息是不是已经把你脑子填满，把你的神经绷紧了？发明电脑本来是为了提高工作速度，节省时间。然而，现在电脑在节省了我们工作时间的同时，却也侵占了我们的生活的闲暇时光。回到家中，原本可以安心地看本书，或是出门散散步，或是可以写写字，但是习惯了打开电脑，无聊也不愿意关上。所以，建议你远离电脑，尽量减少上网的频率和时间。

睡前放松

快节奏的生活会影响到人的睡眠质量，所以睡前就不要再让工作问题打扰你了，应该尽可能地让自己放松，做一些与工作无关的事情。身体累时应拉伸一下肌肉，只需几分钟就能让你感觉放松。喝一杯温热的牛奶，养胃、美肤，更能放松精神。了解自己的身体状况和作息安排，规定一个入睡时间，即使周末也要遵守。再忙也要留点时间给自己，洗个舒服的热水澡。

品味美餐

渐渐减少食用速食食品的频率，它们会让你不自觉地加快用餐速度，不加喘息地重新投入工作。你应该让自己尽情享受用餐的乐趣，和亲友聊聊天，或和同事谈谈工作以外的话题。

生活中不只有打拼，在这个过程中不要忽略了路边的美景。你不妨一个人静静地聆听细雨落到地上的声音，观赏那小小的秋千上嬉戏的小孩。在快节奏的社会状态中，要避免“超载、超速和疲劳驾驶”，要学会慢生活，放慢生活的脚步，享受身边触手可及的快乐。

不怀旧，向前看

一个年轻人走进一家心理咨询诊所，对心理医生诉说了自己的烦恼。医生拿出一卷录音带，塞进录音机里。“在这卷录音带上，一共有3个来看我的人所说的话，我要你注意听他们的话，看看你能不能挑出支配了这3个案例的共同因素，只有4个字。”心理医生说。

年轻人开始听了，录音带上这3个声音共有的特点是不快活。第一个是男人的声音，显示他遭到了某种生意上的损失或失败。第二个是女人的声音，说她因为照顾寡母的责任感，以至于一直没能结婚，她心酸地述说她错过了很多结婚的机会。第三个是一位母亲，因为她十几岁的儿子和警察有了冲突，而她一直在责备自己。在3个声音中，年轻人听到他们一共6次用到4个字：“如果，只要。”

心理医生说：“我坐在这张椅子里，听到成千上万用这几个字作为开头的内疚的话。他们不停地说，直到我要他们停下来。有的时候我会要他们听

刚才你听的录音带。很多人喜欢说‘如果，只要’这 4 个字，这几个字不能改变既成的事实，却会使我们朝着错误的方面，让我们向后退而不是向前进，并且只是浪费时间。现在就拿你自己的例子来说吧。你没有脱离过去式，你没有一句话提到未来。我们每个人都有一点不太好的毛病，喜欢一再讨论过去的错误。”

心理医生告诉年轻人，他患上了严重的“怀旧病”。在心理医生的开导下，年轻人终于意识到，自己沉浸在过去错误的阴影中，还没有真正走出自我，并用积极上进的态度去改变现在的处境。

怀旧是一种病，往往有失落、恐惧、焦虑、抑郁、愤怒、抱怨等负面情绪，甚至会有厌世行为。任何情绪与行为，一旦执著，就难免走向病态，怀旧也是一样。病态怀旧最明显的作用就是不能够活在当下。任何行为都要有个度，如果过于沉迷于过去，就不能在现实环境有所作为。

有病态怀旧心理的人，一般对现实不满，又无能为力，于是采取回避现实的态度。一个人如果总是喋喋不休谈过去，带有厌世、抑郁、愤怒、抱怨等负面情绪，他应该有某种程度的心理情结。

怀旧实质上是一种对现实生活的躲避和遁逃，把我们所不想回忆的痛苦和压抑隐藏了，忘却了，以至于我们自己永远不会再想起。另外，怀旧又把我们过去生活中美好的东西大大强化了、美化了，以至于人们在几次类似的回忆后把自己营造的回忆当做真实。怀旧起源于个人的失落感，失落导致回首，试图寻找昔日的安宁与情调。

有病态怀旧心理的人，依恋过去的事物，依恋过去的友人，依恋过去的成绩。有病态怀旧心理的人很难与时代同步，这有碍于他们自身的进步与发展，应进行适当的调节。

有一位年轻人去马戏班拜师，要学习走钢丝的功夫。几个月后，老师认为年轻人已掌握了基本的技巧，所以要年轻人上钢丝正式练习。虽然地面已装有安全网，可是年轻人第一次走上 10 多米的高处，心里实在战战兢兢。走了 10 多步之后，他忍不住往下看，越看心里越惊慌，差点儿失去重心。就在这时，师傅在地面大声喝道：“向前看！”令年青人重获信心，再次取得了平衡。

生活应该向前看才能活得精彩。乐观的人对事物总是以发展的眼光看待，坚持一切向前看，对生活、事业和前途充满希望和信心。世界无时无刻不在变化，变化总是不可阻拦的，与过去相比，今天的人们在生活方式、人生观、价值观以及技术方面的变化比以前任何时代都要快得多。我们既可以抵制变化，使自己成为恋旧的人，也可以欢迎变化，并且跟随变化不断向前发展。我们要选择做后者，以更乐观的态度展望未来。

积极参与现实生活

每个人都是活在眼下，活在现实中。新的现实生活在等着你去接纳新的事物，要经常通过读书、看报等了解新生事物，积极地参与到改革的实践活动当中去，学会用发展的眼光来看待身边变化的一切。

利用怀旧的积极作用

正常的怀旧可以帮我们平复急躁不安的心灵，在回忆怀旧的过程中应该去积极主动寻求这些积极的影响，这样一来，病态的、消极的怀旧心态就会减少许多。

从新旧结合做起

如果对新事物立刻接受有困难，可以在新旧事物之间找一个突破口，例如思考如何再立新功、再造辉煌，不忘老朋友、发展新朋友，继承传统、厉行改革等。学会在过去与现实之间寻找最佳结合点。

我们总不能生活在回忆之中吧？过去的岁月无论是喜是悲，都不应该干扰我们今天的生活。生活是丰富多彩的，我们应该不断充实自己。有了新的内容，怀旧的时间和精力就会减少，就会逐渐摆脱过去的束缚，释放出自己的能量，活得更加畅快。

第四章

淡泊笃定，世事纷扰心不乱

把浮躁的心沉下来

陈先生家里不宽裕，可能是受此影响，大学毕业时他的工作方向就是向钱看。毕业后的五六年，他几乎是每年换一个工作。

陈先生先是在办公室做行政管理，一年后看到保健品很红火，就应聘到一家生物制药公司去当推销员。没过多久，保健品行业就不行了。这时有位同学拉他去一家营销策划公司，月薪还不错，于是他马上就去报到上班了。这回干的时间还算长一些，大约有一年吧，收入是比以前多了些。

后来陈先生又遇到另一位老同学，这位同学开了一家小公司，生意还不错，正需要帮手。陈先生毫不犹豫地加盟了他的公司。还没到半年，公司生意又转淡了，他只好去一家小公司当市场部经理。十年来，陈先生折腾来折腾去，一事无成。

在我们的心灵深处，总有一种力量使我们茫然不安，让我们无法宁静，这种力量叫浮躁。浮躁是人生的大敌，常常在人不经意的时候入驻人的内心，使人陷入无尽的空虚。有多少人的学习或工作计划一再搁置？有多少人的远大理想化为泡影？有多少人的生活杂乱无章？浮躁已经不知不觉而又实实在在地支配着我们的行动，渗透在交友、恋爱、婚姻、工作、事业之中。

在心理学上，浮躁主要是指那种由内在冲突所引起的焦躁不安的情绪状态或人格特质，心理学甚至把其纳入到了“亚健康”当中去。浮躁的人做事情没有恒心，经常会见异思迁，总是这山望着那山高，不安分守己。总是在想着通过投机倒把，盲目冒险，去获得最快最多的利益。产生浮躁心理的人，终日会心神不宁，焦躁不安的。时间久了脸色也会暗淡无光，眉头紧锁，就连人都变得呆若木鸡。脾气越来越古怪，看谁都不顺眼、逮着谁就跟谁急。这样长此以往的话，他就会被生活的急流所击倒，丧失收放自如的生活弹性。

在心理学上，急躁作为一种普通的心理现象来说，是人的一种朴素的、本能的生命冲动和物质欲望。浮躁的深层特点是：重外延轻内涵，重数量轻质量，重表面轻实质，重短期轻长远。浮躁会使人失去正确的人生方向，失去对自我的一个准确定位，从而使人容易随波逐流、盲目行动。

人生的一切浮躁和欲望都是来自不清静、不安稳的心，我们在纷繁复杂的社会环境中要保持一颗平常心。在这个世界里，困扰和诱惑实在是太多了！现代人身居闹市，不要说心如止水，即使心灵深处能够获得片刻的宁静也是很难的事。我们总是被私心杂念、生活琐事、人情世事困扰，原本澄澈明净的心变得浮躁不安起来。

心灵平静，你的生活也是宁静的；心浮气躁，你的生活亦是嘈杂的。一个人能有身心的自然和谐，有修身养性的积极处事态度，远离悲观厌世的消极情绪，能控于己制于心，方可万事不乱，世俗人生就会少了许多烦恼。

学会冷静思考

冷静使人理智，在冷静的状态下才能把事情处理得最好。遇事要学会认真思考，从现实的角度出发，以一种客观冷静的心态来考量喧闹一时之事。不为新事物所迷惑，不为新潮流所左右。

长短目标相结合

对待自己的人生和事业，既要有一个长远的发展目标，更要注重脚踏实地。务实是开拓人生道路的基础，是事业创新的源泉。我们应该学会循序渐进，一步一个脚印，踏踏实实地不断向前推进。

培养行动的计划性

在做事前多花点时间来做一个比较完美的计划，在行事时严格按照自己的计划来，不快也不慢，以免乱中出错。很多浮躁情绪都是在事前准备不足或计划不周的情况下发生的。出现事先没有料想到或没有考虑好对策的困难时容易急躁，步骤混乱、工作乱套等。

办事讲究条理性

条理性和计划性应当是并存的。当有许多工作都需要做时，要分清轻重缓急，先做最迫切的事。防止毫无条理地把各项工作摆到一起，杂乱无章地乱忙一通。如果办事缺乏条理，这件事还没做完，又急着去做那件事，眉毛胡子一把抓，其结果只能是越急越糟，一件事也做不好。

修炼平常心

每个人的成功都不是轻而易举地，都是在背后付出了别人难以想象的种种艰辛与努力。在这个急功近利的社会中，要保持一颗平常心，不要总是每天想着“天上掉馅饼”。

生活要有节奏

给自己规定严格的生活制度，规定每天起床、就寝、用餐、工作、学习及其他业余活动的时间，增强生活的规律性和节奏感。严格的生活制度和生活秩序，正确的工作制度和工作秩序，对于帮助我们形成条理性和规律性，培养不慌不忙、从容不迫的行为习惯，克服急躁情绪，都有很大的作用。

锻炼耐性和韧劲

多参加一些需要耐性和韧劲的运动，在锻炼身体的同时，也让自己的个性有了进一步的改变。时时记住千万不要半途而废，要善始善终。

很多时候，我们的理想最终成为空念，就是因为我们的内心浮躁，不能以平和稳定的心态去追求成功导致的。置身于日新月异的时代上，我们更要冷静地去思考，点滴地去积累，不断提高自身修养，丰富自己的内涵，在扎实奋斗中体味人生的真谛，化解心中的浮躁，固守住自己的定力，陶冶出自己的定性，使内心保持一汪纯净清澈的泉水，滋润出生机勃勃的心田绿洲。

管好你的虚荣心

托尔斯泰说：“没有虚荣心的人生几乎是不可能的。”欲望是人的一种本

能，人因为追求荣耀，会不可避免地产生虚荣心。在生活中，因为受虚荣心的驱使，我们都会或多或少做过一些可笑的事情，说过一些可笑的话，甚至受到伤害。

有一个青年人，自小学时起，他的成绩就一直是全年级的第一名、第二名，班长、少先队大队长、三好学生，都非他莫属。父母因为他而骄傲，对他的未来也寄予了很大的希望。长期过多的荣誉刺激了他学习的动机，同时又使他将这些荣誉看成是自己生命的组成部分，甚至超过自己的生命。

高中一次期末考试，他的英语成绩仅以1分之差成为第二名。他接受不了，觉得落得这样名次实在没脸见人。他不好意思上学，父母只好找老师商量。他的老师宣布：因为判卷错误，多扣了他2分。他的面子挽回来了。这时老师、家长还认为他有进取心、好强，有出息，却没有意识到他的心理素质太差。

参加高考，他考上了一所大学的热门专业外贸英语。这所大学云集了来自全国各地的高材生，尤其是外贸英语专业，竞争更为激烈。对于排名，他每天都在与其他同学进行一场心理战争，以保存比自己生命更重要的虚荣心。然而在毕业时，因为没有像其他同学那样联系到一个理想的单位而觉得没脸见人。还要几个星期就要毕业了，此时他选择了自杀。

虚荣心是人类天性的一部分，它是人们为了维护自尊而产生的心理。青年学生们正处于自尊心很强的时期，他们非常注重自己在同伴中以及整个社会群体中的位置，也最关心自我价值的存在。适度的维护荣誉可起到提醒自己维护自尊的作用，如以不正当的或虚伪的方式去达到自尊心的满足，以求得不真实的荣誉，这就是一种虚荣心理的表现，是一种追求虚荣的性格缺陷。

虚荣心表现在行为上，主要是盲目攀比，好大喜功，过分看重别人的评价，自我表现欲太强，有强烈的嫉妒心等。有些人家里并不富有，但为了显示富贵，却故意打扮得入时华丽，常常出入饭店、歌厅；有的同学学习成绩本来就不佳，但为了取得一个令人羡慕的成绩，不惜通过作弊等欺骗手段实现；还有的人为了面子竟然不敢把自己农民的父亲或家庭妇女的母亲以及自己自认为低下的工作职业介绍给同学或朋友，怕给自己丢脸或在别人面前抬不起头。

每个人身上都有虚荣心，只是表现强弱不同而已。虚荣心由较弱发展到较强时，会令人产生各种可怕的动机，这种动机带来的后果非常严重，影响个性的健康发展，还会诱惑人燃起邪念，走向歧途。我们千万不要成为虚荣的奴隶。

正确对待荣誉

每个人都需要成就感，都在乎自己的名誉、地位和自尊，这一切都应当与一个真实的努力相符。例如，一个学生想取得好的学习成绩，必须通过自己的刻苦努力，认真学习，否则用欺骗手段赢得的荣誉是虚假的，不光彩的。这样不仅得不到别人的尊重，还会受到他人的蔑视和否定。不要热衷于表面的虚名，要注意实际能力的培养。力戒说谎，避免以说谎来表现虚荣。

客观评价自己

我们要对自己的优缺点、优劣势有一个真实的评价，要看到自己的长处和成绩，也要看到自己的短处和不足。只有对自己采取实事求是的态度，才能避免过高估计自己，从而克服虚荣心理。不要自己欺骗自己，要敢于正视自己的不足，建立对自己的信心。

正确对待舆论

我们生活在群体之中，总免不了别人的品头论足。但对于舆论，我们要提高辨别是非能力，对于正确的应当接受，对于不正确的要给予纠正或分析判断，绝不可凡事人云亦云，被舆论左右。只要你自己有相应的进取、发展、成熟的思维和行为，就完全可以按照自己的心理需求行事，不必过多考虑他人会说什么，有什么看法。

自尊自重

现实生活中的诱惑太多，我们要时刻提醒自己，做人要诚实、正直，不能为了满足自己一时的心理欲望，以致不惜用人格来换取。只有把握住自尊与自重，才不至于因为外界的各种诱惑而失去自己做人的原则。尽可能摆脱对表面东西的追求，通过积极的学习和努力，使自己成为一个强者。

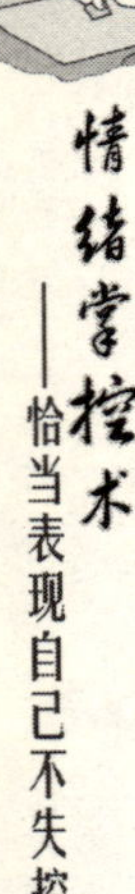

敢于自我暴露

不但要向他人表现自己的优点、优势，也要敢于暴露自己的弱点、劣势，在人际交往、各种活动中流露自然的自我，自己是什么样的人就表现出什么样，有什么想法就说出来，做真实的自己。

虚荣心是一个人借用外在的、表面的或他人的荣光来弥补自己内在的、实质的不足，以赢得别人和社会的注意与尊重。华丽的外表无法提升个人的内在修养，我们要做一个务实的人，不断地自我提升，我们对内在修养的追求将会改变外在现实。

摆正攀比方向

27 岁的张蕾最近陷入了感情烦恼。曾经的男友因为有高学历却没有钱，张蕾与之分手了。现在的男友有钱，学历也不错，男友要和她结婚，但她总觉得不知足，总觉得别的同事比自己幸福。

因工作关系张蕾结识了一位男同事，两人开始了暧昧关系。直到某一天，在一个意外的时间地点，张蕾碰见了那位男同事和他的女朋友，他女朋友的身高容貌和气质都比自己好，张蕾感到一种难以名状的失落感。外表上的落败引发了她全方位的溃败，心情不好、暴饮暴食、莫名地发脾气。

有些人度过热恋期后很快就转入攀比期，在这一时期里，无论是看什么都觉得要与之比一比，今天老同学聚会，同学带来的女孩子没自己好看，乐一整天；明天好朋友带自家妹妹出来玩，发现对方唇红齿白美丽大方，愁大半天，心情随着攀比对象的改变而做着俯卧撑。

经过热恋期的轰轰烈烈之后，就应该保持好平稳的心理，既然选择了对方，就应该多看到对方的优点，人无完人，对伴侣的要求得寸进尺往往不仅不能让对方变得更好、更符合自己的标准，反而会把对方逼上绝路、退无可退，只能毅然挥刀斩情丝，最后落得分手散伙的下场，让人无限欷歔。

有的人去市场买菜，明明放在这里卖的都是好菜，但是却要左挑右拣，最后组成一扎自己认为最好的菜，满意而归。本来大可随手拿起走人的事情，却要将其复杂化，这就是“买菜心理”。人总是喜欢拿东西作比较，你比我多，我比你好，什么都喜欢比一番，以满足自己的虚荣又或者为自己寻找生活的支点。

生活在浮躁而又充满功利的社会中，我们难免会被卷进世俗的洪流中，成为它的追随者。有一则笑话讽刺了人们的攀比心：某甲买了一张新床，生怕亲戚不知道，又不好明说，便放出风声，说自己病了，想让亲戚来探病。他的一位亲戚某乙恰巧买了一条新裤子，他已经知道某甲装病是让人欣赏新床，心想，我偏不看你的床，你一张床还不值我一条裤子钱！乙往甲的床边一坐，有意无意地跷起一条腿，问道：“你是哪儿不舒服？”甲瞥了乙一眼，说：“我俩得的是同一种病啊！”老百姓的这种不伤皮不伤骨的攀比，顶多博人一笑。假若两家财力很不相当，弱的硬是要争一口闲气，比穿戴之靓丽，比居室之考究，比待客之豪放，比出手之大方，那一定会大伤元气。

29 岁的林为荣参加工作已有五年，至今非但没有盈余，反而负债累累，欠下朋友五万余元。为了偿还债务，他不得不做两份兼职，每天节衣缩食，为何月薪五千的他会过得如此清贫呢？原来，林为荣非常喜欢电子产品，只要周围人使用的手机或相机超过自己，他心理就会非常难受，就会倾囊所出与对方较量一番。

有一次，同事买了一款新型手机，正好在他面前接了个电话，他就认为对方是在向自己炫耀、示威。他立即用信用卡买了一款相同的手机，故意在同事面前玩弄手机。没出三个月，他见朋友用了一块限量版的手机，于是就低价处理了自己的手机，转而向朋友借了五千元钱，买下了这款功能最全的手机。为了做时尚潮人，他一年大约换了六部手机。父母经常唠叨他，希望他自己能够存点钱，以备日后不时之需。他就是听不进去，花钱依旧大手大脚的。只要看见别人用的电子产品比自己的好，就会觉得自己的东西过时了，从而迫切地想使用新产品。

很多人都有攀比心理，别人有的东西，我也一定要有；别人敢消费的新产品，我也敢消费，一旦他人超过自己时，内心就会感到非常难受。孩子们会比谁学习成绩好，谁父母有钱、官大；成年人会比事业、婚姻、家庭、生

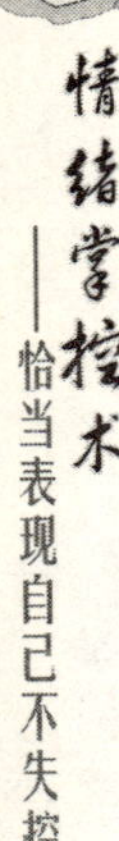

活、收入、车子、房子……正常人都有一点攀比心理，但是有素质的人会控制的。过度的攀比会让自己不断自责和抱怨，感慨、怨愤、颓废甚至堕落，最终使自己陷入无限的自卑和烦恼之中。爱攀比的人总是活得很累，盲目的攀比只能刺伤自己，伤害的只能是自己的快乐和幸福。

正面的积极的比较，是在理性意识驱使下的正当竞争，往往能够引发自己积极的竞争欲望，产生克服困难的动力。消极的、伴随有情绪性心理障碍的比较，会使自己陷入思维的死角，产生巨大的精神压力和极端的自我肯定或者否定。一个人缺乏对自己和周围环境的理性分析，只是一味地沉溺于攀比中无法自拔，对人对己都很不利。攀比并非都不好，而是要把握好方向。

把自己放到恰当的位置

每个人都有自己的优点和缺点，我们要多看看自己的优点和长处。比，不能只向上比，比上不足比下有余，能把自己放到一个恰当的位置上心里也就平衡了。我们没有必要处处按照别人的生活方式去生活，而是应该根据自己的实际情况，踏踏实实地过好每一天。

有正确的价值取向

我们要正确理解攀比目标的价值取向。与别人攀比的目标不应定位在物质、金钱的享用上，否则只能越比越懒惰、越比越依赖。应将攀比的目标定位在能力发展和情感精神的富有上，如，比分辨是非的能力，比良好习惯的养成，比责任心的强弱，比团结友爱、助人为乐的品质，比身体是否健康等。

保持一颗平常心

调整心理需求，区分哪些是合理需求，哪些是非分之想，正确进行取舍。要在得失问题上做常乐者，在遇到失落和挫折时，多思所得，以实现心理的自我平衡，时刻保持一颗平常心。

学会辩证地比

正确地比，可以使人找出差距，催人奋进；不正确地比，却会使人产生怨气，越比越灰心丧气。一定要从实际出发，客观分析，根据自己的能力素质、文化层次、专业特长，科学正确地确立自己的奋斗目标和发展方向。在与他人比的过程中，要摆正自己的心态，根据自身的实际能力，为自己定下既定的目标。这个目标一定要在自己的能力范围之内，即追求较大、较为有效的攀比度。否则的话，我们就会觉得压力很大。

总之，攀比是一种普遍的社会现象，也是一种社会文化，攀比心理的正面是人的进取心和上进心，反面是人的虚荣心和价值取向的扭曲。我们要懂得正确地攀比，避免做出不切实际的行为，心中要有是非观念，做好自己就行了。

扔掉空鸟笼

1907 年，詹姆斯从哈佛大学退休，与此同时，他的好友物理学家卡尔森也退休了。有一天，俩人打赌，詹姆斯说：“我一定会让你不久就养上一只鸟的。”对此，卡尔森不以为然地说：“我不信！因为我从来就没有想过要养一只鸟。”

几天后，恰逢卡尔森的生日，詹姆斯送上自己的礼物——一只精致的鸟笼。卡尔森笑着说：“我就权当它是一件漂亮的工艺品了，你就别费劲了。”从此之后，来拜访卡尔森的客人，只要看见空荡荡的鸟笼，就会问道：“教授，你养的鸟什么时候死了？”卡尔森每次都解释道：“我从来就没有养过鸟。”

他的回答却换来客人疑惑且掺杂不信任的目光。无奈的卡尔森，只好买来一只鸟。就这样，詹姆斯的“鸟笼效应”便诞生了。

为什么会出现鸟笼效应呢？心理学家解释道，买一只鸟要比解释为何有一只空鸟笼更为简便、有效。这样一来，即使没人来问，或者不需要加以解释，鸟笼效应也会给人造成一定的心理压力，所以人们才会为了一个空鸟笼去买一只鸟。

在现实生活中，鸟笼效应也经常会出现，即获取一个东西之后，会不停地往里面装东西，进而引发一连串的反映。张先生在售货小姐的介绍下，买了一个新潮的电脑控制抽水马桶。紧接着，事情一发不可收拾，卫生间放这么新潮的马桶，与之配套的瓷砖也不能太差了吧！就这样，瓷砖的档次上去了，地砖也不能随随便便吧！洗脸池也得与酒店的相媲美吧，水龙头也得是冷热交替的吧……

由此可见，鸟笼效应都是先在心里给自己挂上一个"空鸟笼"，然后不断地往上添加东西，直到有一天把自己弄得筋疲力尽，才大为感叹不值得！也许在起初，我们根本就没意识到小小的变动，就能够引发一连串的连锁反应。

说到这，不妨想想我们的衣橱，有多少件衣服是因为一件配饰、一件样式独特的小衬衫，或是一双颜色特别的鞋子而添置的呢？尤其是女人更容易如此，所以，有人说："女人似乎总缺一件衣服。"这是因为旧鸟笼还没填满，新买来的又变成了新鸟笼。周而复始，似乎人们永远缺少某样东西。

人最难摆脱的是无谓的烦恼。这是因为，每个人心上都挂着笼子或是开着口的袋子，不管出于哪种原因，总会不由自主地往里面填东西，结果并未像我们想象的那样完美。因为"空笼子"象征着欲望，无论我们往里面填充什么，填多少，都不会看到满意的结果，反而过度的付出和索取，只会令我们越陷越深。

人都有七情六欲，欲望是生命的动力，它贯穿于我们的一生。俗话说："人心不足蛇吞象"，欲壑难平自古有之。为了避免自己被欲望牵着鼻子走，我们应该学会克制欲望，知道自己想要什么。

过度且没有节制的欲望，会令本来可以满足的欲望化为泡影，甚至会引导人们走向灭亡。贪心的人想把什么都弄到手，结果什么都失掉了。如果我们在各种诱惑面前，都能够做到有所约束和节制的话，就不会因此落入无穷的欲望之中，人生之中也会免除诸多烦恼，生活自然会变得充满快乐。

克制形形色色的物欲和精神上的诱惑，并非是一件容易之事，学习节制欲望就显得非常重要且必要了。节制欲望并非不要欲望，是节制过分的欲望。我们如何节制多余的欲望呢？

提升满足感

随时随地调整心态，明确自己想要什么，什么时候该满足，什么时候不该满足。当你达到一个阶段目标后，你应该给自己放一段小假。在这段时间内，你最好寻找生活中的美好，不要为下一阶段而烦恼，抛开一切去休息。

过简单的生活

智者善于用简单的方法处理复杂的事情，更喜欢用单纯的思想看待周围的一切，所以说，他们显得很开朗、很自然。万事都以单纯为美德，天下所有的事情都以简易为最好的境界。不妨简化一下自己的心灵，凡事以单纯、简易为主。

培养恬淡心境

过度贪婪的人通常物欲心重，而且好高骛远，并且总是慨叹自己拥有的太少，非常向往他人的成功，他们常常无法体味到生活的幸福，就很容易陷入失望与不满之中。恬淡的人拥有一颗平常心，而且还孕育着一种自在感，所以他们能一步一个脚印地努力工作，而不会每天仰望着他人的成功，更不会苦叹命运对自己的不公。我们要学会舒展自己的心灵，将一切都看淡些，不要期望太高，更不要过分地求全，练就恬淡的心境。

羡慕嫉妒恨

“羡慕嫉妒恨”，当今很流行的一串词，道出了人因不满情绪的递增而强烈到不能自持，强化了中心词嫉妒的表达效果，还包含了嫉妒的结构层次和来龙去脉。

看到别人有某种长处、好处或有利条件，希望自己也有，这是羡慕；看到别人拥有这些东西，情绪抵触，心中产生了不愉快的情感，就是嫉妒了。

嫉妒就是对于别人的一种憎恶的羡慕，很容易转化为憎恨。羡慕嫉妒恨正好画出了嫉妒的生长轨迹，始于羡慕终于恨。羡慕是嫉妒的表层，恨是嫉妒的核心。

嫉妒是人的一种本能，只是每个人的嫉妒心之强弱不同罢了。轻微的嫉妒可以激发人的进取心和竞争意识，犹如菜肴中起调味作用的作料，而作料终究不能当饭吃。如果一个人的嫉妒心过于强烈，整日里痛苦着别人的幸福，幸福着别人的痛苦，长此以往，人何以堪！

人们总是羡慕他人拥有的，一旦自己得不到他人能拥有的东西，此时就会产生一种不平衡的心理，于是就产生了“酸葡萄效应”：总是觉得得不到的东西才是最好的，即使与别人获得了同一样东西，仍然会认为自己的不好，别人的那个肯定比自己的好，他们总是存有不满足的心理，嫉妒别人比自己拥有得多。

培根说：“人可以容忍一个陌生人的发迹，但绝不能忍受一个身边人的上升。”爱嫉妒的人往往无法容忍别人的优秀，尤其是身边的好友超过了自己，总担心别人取得了自己无法得到的名誉、地位等名利，进而掩盖自己的光芒。所以，自己得不到的东西，别人最好也得不到。一旦周围有人超越了自己，爱嫉妒的人就会运用各种手段去破坏。所以，嫉妒心强的人往往结识不到知心朋友，还会伤害自己的情绪，失去眼前拥有的一切。

胡剑云和高慧美是某艺术院校的学生，两人不仅同住一个宿舍，而且志趣、爱好相投，很快就成了形影不离的好朋友。渐渐地，同学们将性格迥异的俩人，戏称为“动静才女组合”。

生性开朗的胡剑云，不仅相貌出众，而且才华横溢，颇受老师和同学的喜欢。性格孤僻的高慧美，总以冷美人的表情待人，朋友不多的她觉得自己像只丑小鸭，处处都比胡剑云差，甚至认为是胡剑云抢占了自己的风头。她开始渐渐地疏远胡剑云，对其冷言冷语。

不久，学院举办了新生设计大赛，高慧美决定抓住此次机会证实自己比胡剑云强。但事与愿违，胡剑云赢取了一等奖。嫉火中烧的高慧美趁寝室无人时，将胡剑云的设计图纸撕个粉碎。

考试前一个月，高慧美开始整日焦躁不安，她担心胡剑云的考试成绩超过自己，每天都精神紧绷，吃不下也睡不着，胸中像压了一块大石头似的。

结果导致她心理失衡，终日精神异常紧张，最终无法正常在学校生活，只好休学回家静养。

在日常生活中，嫉妒的现象随处可见。当同事获取老板信任时，当上司偏爱搭档时，当老师喜欢其他同学时……也许，你的心里会酸溜溜的不是滋味，随即就会产生一种包含着羡慕与憎恶、愤怒与怨恨、猜嫌与失望、屈辱与虚荣，或是伤心与悲痛的复杂情感，这种情感就是嫉妒心理。

爱嫉妒的人是可怜的，自卑、懊恼、羞愧和不甘无时无刻不侵蚀着他，不仅影响他们的身心健康，还将严重影响他们的学习、工作，体会不到人生的乐趣。如果你被人嫉妒，也不要生气，这等于领受了嫉妒者最真诚的恭维，是一种精神上的优越和快感。

嫉妒是摧毁人性和健康的毒药，影响我们的身心健康，还具有破坏他人幸福的倾向。这种不健康的心态可谓是害人又害己，那么，我们能否彻底根除嫉妒心理呢？

正确地看待事物

当看到别人在某些方面超过自己的时候，不要盯着别人的成绩怨恨，更不要企图把别人拉下马，而应采取正当的策略和手段，在提升自己上狠下工夫。一个人的成功是付出了许多的艰辛和巨大的代价的，人们给予他赞美、荣誉，并没有损害你，也没有妨碍你去获取成功。在别人有成绩时给予肯定，并且虚心向对方学习，迎头赶上，以靠自己努力得来成功为荣。

发现自己的优势

适当的羡慕和嫉妒是可以的，但是我们还要去发现自己的美好。当看到别人拥有上千万的资产而自己没有时，要发现自己拥有一个可靠的丈夫，一个可爱的儿子，这样的一种云卷云舒的恬淡与悠闲也是人生的一种富有。时刻保持一颗平常心，让虚荣心时刻远离自己，时刻告诉自己，在虚荣之心驱使下追求的一些东西往往是华而不实的，没必要为了一时的那点面子问题而把自己搞得很累。

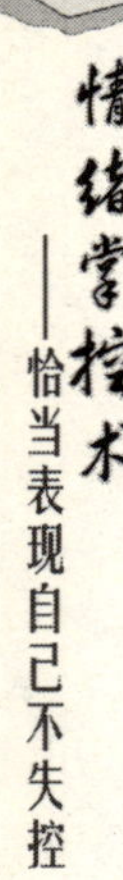

从目标上升华自己

嫉妒只因为自己不行动，而行动中的人自然会变得十分优秀，嫉妒心理自然也会随之消失。这也是最具有建设性的心理防御机制，从这方面讲，嫉妒不仅成就了自己，而且还提升了生命，我们还需时刻挖掘自己的长处及潜质并坚持不懈地努力奋斗去实现目标，你会发现更好的自己。

练就豁达的心态

我们要有开阔的心胸，开朗的性格。人生苦短，生命只有一次，每个人都需要珍惜有限的生命，要有一种“面朝大海，春暖花开”的胸怀，培养豁达的人生态度，更要明白“天外有天，人外有人”“一山更比一山高”“强中自有强中手”的客观规律。

升华嫉妒之情

我们在嫉妒他人时总会将目光集中在别人的优点上，却不注意自己比对方强的地方。任何人都有不如别人的地方，当他人在某些方面超越我们时，我们不妨有意识地想想自己的优势，这样就会使自己失衡的心理重新恢复平衡。嫉妒别人并不可怕，关键是看我们能否正视嫉妒，我们不妨借助嫉妒心理的强烈超意识去奋发努力，从而升华这种嫉妒之情，将嫉妒转化为成功的动力，自然很容易超过别人。

学会自我宣泄

有时面对生活和事业上的巨大落差，或社会的种种不公正现象，人们都难免会出现一时的心理失衡和嫉妒。这时要是实在无法化解，也可以适当宣泄一下。可以找一个较知心的亲友，痛痛快快地说个够，出气解恨，暂求心理的平衡，然后由亲友适时地进行一番开导。发泄以后你可能就会觉得好受许多，这种方式并不能最终解决嫉妒心理，还需要其他方面的调整。

嫉妒心一经产生，就要立即把它打消。放宽心胸，不要和别人过不去，更别和自己过不去。客观评价自己，积极进取，使生活充实起来，自在生活，愉快工作，让自己的生活充满阳光。

放下得失心

运动员詹森平时训练有素，而且实力雄厚，可是一到体育赛场上，就接连不断地失利，令他自己和周围人都大失所望。为何会出现这种现象呢？主要是压力过大，过度紧张所致。

平常表现良好，因为缺乏应有的心理素质造成竞技场上失利，这种现象就是心理学上的一个著名定律——詹森效应。在现实生活中，有很多实力雄厚的运动员比赛现场发挥失常。

在2008年的北京奥运会上，很多人都把中国奥运军团夺取首金的希望寄托在杜丽身上。四年前，正是杜丽的一枪射取了中国代表团的第一枚金牌。在实力方面，杜丽依然傲视群雄。但是，天不遂人愿，杜丽在比赛中发挥失常，导致与冠军失之交臂。杜丽在总结失败原因时，泪流满面地对记者说："准备不充分，主场压力大可能影响了自己的发挥。"后来她顶着巨大的压力在女子50米步枪比赛中夺取了金牌。

中国男子体操世界冠军李小鹏是2000年悉尼奥运会的双杠金牌得主，在2003年世界体操锦标赛他获得了两项冠军。然而在2004年雅典奥运会上，他在男子单项比赛中发挥失常，仅获得一枚双杠铜牌。赛后，他接受采访时表示，发挥失常主要是因为某些特殊情况给自己带来了较大的压力，导致心情异常紧张。

考场中也经常出现詹森效应。在考场上，有的学生过分紧张，心跳加快，大脑一片混乱，原本最强项的科目考得一塌糊涂。因为紧张，不少成绩原本名列前茅的学生却在高考中屡屡失败。

有的人平时战绩卓越，就产生了一种既定的心理定式：只许成功不许失败。赛场的特殊性以及国家、社会和家庭等方面对其寄予的厚望，加剧了他们患得患失的心理。背负如此多的心理包袱，又如何能发挥出正常的水平呢？

《论语》上说："其未得之也，患得之；既得之，患失之。"人总是活在患得患失之间，活得很辛苦。人只有卸下捆绑于心的精神枷锁，才能轻装上阵。这需要有一颗平常心，不以物喜，不以己悲。

1904 年，法国数学家庞加莱提出一个猜想：任何一个封闭的三维空间，只要它里面所有的封闭曲线都可以收缩成一点，这个空间就一定是三维圆球。这就是"数学界七大难题"之一的"庞加莱猜想"。无数人想破了脑袋，此题一直悬而未解。

2000 年，美国麻省克雷数学研究所专门设立了一个奖项，悬赏 100 万美元，寻求破解此题的答案。谁解开了"庞加莱猜想"，谁就能名利双收！面对如此诱惑，全球数学家趋之若鹜。

2003 年，一个名叫佩雷尔曼的人解开了"庞加莱猜想"。佩雷尔曼是俄罗斯一位名不见经传的数学研究员。成名后，许多人让他谈谈破解"庞加莱猜想"的经验、思路以及对成功的认识，但性格古怪的佩雷尔曼不但拒绝了媒体的采访，而且对百万奖金充满了不屑。他丢下一句"我无须什么来证明我的成就"，然后告别尘世喧嚣，隐居在圣彼得堡乡下。

后来，《真理报》头版头条刊登了这位天才数学家的一句话："世上好多事就是这样，你越求之心切，越患得患失，反而越得不到它。当你心无旁骛地赶着自己的路时，它却紧紧地追随着你。"记者杰霍夫对此发表评论说：平和的心态是破解"庞加莱猜想"，也是成就一切大事的必由之路。

你能够看淡看轻，就不会被世间的困惑缠缚而难以自拔，看破事物的表象超然物外，就能化解险境和忧烦，也不会陷入拿不起放不下的两难处境。拥有一颗平常心，就不会身心俱疲、活得拘谨和痛苦，反而容易获得自由和解脱，拥有旷达的人生。

不贪恋不畏惧

我们要摆正自己的心态，以一分为二的视角看待周围事情的得失，不要过分贪恋成功，更不能畏惧压力和失败。这样一来，自然能够发挥出正常水平，从而充分地展现自己最优秀的一面。

认清赛场的本质

赛场只不过比平常训练正规而已，这样想，可以有助于消除恐惧感。赛场是高层次水平的较量，同时更是心理素质的较量，狭路相逢勇者胜，我们需要树立自信心，相信一份耕耘必定有一份收获，最终定会交付满意的答卷。

学会顺其自然

顺其自然与努力争取并不矛盾，努力争取是态度，是意志，是精神，是追求。顺其自然是规律，是客观，是现实，是原则。什么事情都不要违反规律，一定要遵循事物的规律性。什么事情都不要刻意追求，一定要选择适合自己的，并努力争取。什么事情都不要强求自己，一定要尊重、理解自己。

减少欲望

人的欲望永远是没有穷尽的，而我们目前的条件是有限的，所以一定要明白你苦苦追求的那些东西究竟是“需要”还是“想要”？真正的幸福，不是你拥有的增多，而是你欲望的减少。

人有功利思想，自然应运而生得失心。有了得失心，就有了压力，就会紧张。得失心不放下，想要不痛苦，都不可能。追求成功要尽心，但不可有太重的得失心。试着去掉一些自己的得失心、执著心会让人生更坦然和快乐。

临大事有静气

西汉名将李广有一次与匈奴骑兵遭遇，李广有一百多名骑兵，匈奴的骑兵数以千计。匈奴兵发现李广后，纷纷撤回山上摆开阵势。

李广的骑兵见到这种形势都很害怕，想要纵马逃走。李广说：“我们距

离大部队还有几十里地，现在这样逃跑，匈奴骑兵很容易追上来把我们全部射杀。现在我们停留不动，匈奴骑兵会以为我们是我方军队派来引诱他们的，一定不敢来攻击我们。”于是，李广命令部队前进，一直来到距离匈奴的营帐不足二里的地方才停下来。接着又命令部下全都下马，并把马鞍解下。

匈奴军中有个骑白马的将领出来巡视，李广飞身上马，率领手下十几个人冲上前去射死了此人，然后从容归队，取下马鞭，命令部下全都解开马匹，躺倒休息。这时已到了黄昏时分，匈奴兵感到十分诧异，更加不敢出击。等到半夜，匈奴兵又疑心汉军军队埋伏在附近，会趁着夜色偷袭他们，便悄然退兵离去了。

李广凭借过人的胆识，在敌众我寡的不利局面之下，揣摩清楚了对方的心理，吓退了数十倍于己方力量的匈奴军队，保全了自己和士兵的性命，“飞将军”的威名震慑边陲几十年。

古人说：“处事不惊，必凌于事情之上。”遇事要冷静，不要自乱阵脚，要把事情的节奏牢牢控制在自己的手上。人生在世，难就难在如何练就遇事不急躁，雍容大度，气定神闲的心态和风范。

人的一生不会一帆风顺，平平坦坦，定会有七灾八难，三长两短，从容应对，才是根本。苏轼说：“夫天下大勇者，猝然临之而不惧，无故加之而不怒。”这是一种坦然的心态和从容不迫的风度。用沉着镇定、随遇而安的心境去对待生活，去调整自我的情绪，就能拥有一片宁静的天地。

我们每个人都可能会遇到工作失业、生意赔钱、炒股被套、婚姻破裂、生老病死等，这些都是人生中的困难境地，如何面对，如何处置，确实有很大的不同。急躁冒进，狂怒烦躁，哭天抢地，泪如雨下，顿足捶胸又有何用呢？既然人生的困难到来，那就从容不迫的面对，冷静的考虑，大胆的应对，以不变应万变；心平气和、从容面对可能会让你在临危之际想出万全之策。

我很欣赏“每临大事有静气”的气魄，也佩服“宠辱不惊去留无意”的境界。古人云：“胸有激雷，而面如平湖者，可拜上将。”面对人生中的风云变幻，你能从容自若吗？

相信事情能解决

俗话说："车到山前必有路，船到桥头自然直。"人遇到艰难险阻或意想不到的新问题，总是会想出解决应付的办法，找到继续前进的途径。有时顺其自然则是从容镇静的风度、静观发展的耐性和细谋高招的韬略。

暗示自己镇静

遇事不慌的前提是镇静，不论遇到大事小事，都要保持镇静。遇到事情，可以暗示自己镇静，心中默念"镇静"，可以起到缓解的作用。遇到的事情多了，即使是突发事件，也能做到临危不惧。

锻炼心理承受能力

遇事慌不慌，跟一个人的心理素质有很大的关系。人的心理素质是可以训练出来的，平时生活中也要注意锻炼自己的心理承受能力，真正做到临危而不乱，方可闻变而不惊。

增强你的自信心

做事缺乏自信，就会惊慌失措。增强你的自信心，就会遇事不慌。你只要正确认识自己，能全面地看待他人和自己，就会感觉自己没那么差，而是自己可能感觉状态不是最佳或太在乎他人的看法或想法。你只要将做不好的事，反复多做几次，你就会慢慢熟悉，事情能完成得很好，多给自己鼓励，相信自己有这个能力。

正确认识自己

人是不断变化发展的，我们需要不断更新、不断完善对自己的认识，才能使自己变得更好和更完美。正确认识自己，就要作到用全面的、发展的眼光看自己。从心灵上确认自己能行，自己给自己鼓劲。只要有心理准备，你就不会为一点困难而退缩，你就能充满信心完成任务。

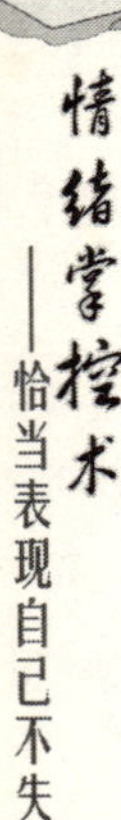

培养理性思维

人是感情动物，却需要理性思维。勇敢有时候是理性制约下的一种镇定与自信，处事上遇小事可感性，遇大事必须审慎，否则就不够成熟。要跟理性的人接触，学习他们的想法跟态度。人的理性来自理论和实践，即使是生活中的小事也不要错过，思考、思考、再思考。

做人要有稳重的心态，遇事沉着冷静，不因危乱的局面而发慌。即使是心中有点害怕心慌，也从不表露出来，而是稳住心神，保持清醒的头脑，以静制动，控制整个局面。

把心安在静中

“我最近很烦躁!”很多人都说过这句话。的确，现在都市流行烦躁症。物欲社会的诱惑是一个个让人坐立不安的念头，过多欲念牵引的身心已经烦躁不安。

《庄子》中肩吾与孙叔敖有一段对话。肩吾问孙叔敖：“你三次出任令尹却不显出荣耀，三次被罢官也没有露出忧愁的神色，起初我对你确实不敢相信，如今看见你容颜是那么欢畅自适，你的心里究竟是怎样的呢?”

孙叔敖说：“我哪里有什么过人之处啊，我认为官职爵禄的到来不必去推却，它们的离去也不可以去阻止。我认为得与失都不是出自我自身，因而没有忧愁的神色罢了。况且我不知道这官爵是落在他人身上呢，还是落在我身上呢？落在他人身上，那就与我无关；落在我的身上，那就与他人无关。我正心安理得悠闲自在，我正踌躇满志四处张望，哪里有闲暇去顾及人的尊贵与卑贱啊?”

《菜根谭》有言：“此身常放在闲处，荣辱得失谁能差遣我；此心常安在静中，是非利害谁能瞒昧我。”这话字句虽浅但寓意深远，人若能处于闲处，生活的从容，何以能被随意差遣？心若能安宁平静，是非利害自然远离。一个人处在忙碌之时，置身功名富贵之中，的确需要静下心来修省一番，闲下身子安逸一下。

你看大街上，每个人都是行色匆匆，脸上有着或多或少的倦色或无奈。我们何时才能享受生命中的悠闲？哲人说：“人常常为了心中的目标奔忙，却忽略了过程。”其实，在人生匆忙的旅途中，我们是可以用心来认真体味遇到的每一处风景的。每一个悠闲的瞬间都会给你一个清朗的心境，教你更好地认识自己，认识别人，认识你不可重复的旅程。

人不能一生悠闲，也不能一生没有悠闲，悠闲是对生命状态的一种调整，我们每个人都需要这种调整。悠闲人生有多种多样的乐趣，出去散散步，无忧无虑，任意而行，人随脚便，脚随心便，一副悠悠自得的神态；心不在于天高地广，而在于鸟兽虫鱼，养一缸鱼，随意而观，看它们追逐、游戏，不由得心有所动，也是一种境界；品茶、啜酒、哼小曲、下棋、养鸟、看戏、玩字画，无不充满着生活的情趣和快乐。悠闲实际上是一种高雅的活法，把人生看做是一种消遣，一种享受，而不是拼搏和竞争。

林语堂说过，悠闲是中国人性灵的一种表现。真正的悠闲人生来自于人心智的一种艺术活动，是一种人生品位。有了美的性灵，有了高雅的品味，你才能在各种生活中找着风韵，体验到雅致、柔和，才能享受悠闲的快乐。

人到中年，如果还不知道悠闲是一种境界，那就真的是人生虚度。一个中年人如果开始设想让自己如何过上悠闲的生活，他已经找到了人生的真谛了。一个年轻人如果想让自己拥有悠闲的境界，就需要现在加倍努力，为自己的未来埋单。

别将生命之弦绷得太紧，留一份悠闲给自己。从静中观物动，向闲中看人忙，才得超尘脱俗的趣味；遇忙处会偷闲，处闹中能取静，便是安身立命的功夫。在众人熙熙攘攘之中，你能保持一颗安静的心，观察他人的行为，思考众人的盲目，理智地把握自己的人生，这才是深得静养之妙。

真正懂得生活的人，是能够在最繁忙、最混乱的时候静下心来，并有足够的涵养功夫来了解和体察事态和人情的。这样的人，也许才能更好地适应这个忙碌不休的世界，在遇到挫折、打击的时候心理承受能力也会比别人强。

世上追求名利的人很多，追求清平安闲的也大有人在。我们要学会安闲

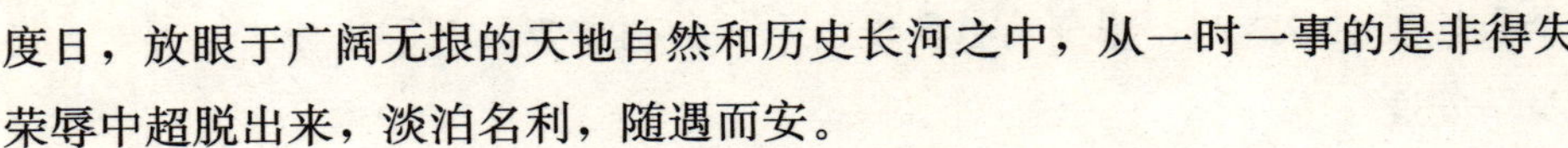

度日，放眼于广阔无垠的天地自然和历史长河之中，从一时一事的是非得失荣辱中超脱出来，淡泊名利，随遇而安。

做好心的收放

《菜根谭》上说：“身不宜忙，而忙于闲暇之时，亦可儆惕惰气；心不可放，而放于收摄之后，亦可鼓畅天机。”这句话讲了如何处理身的忙与闲，以及心的收与放。不为名利而牺牲身体、劳耗精神，不为自己在他人心目中的形象和地位而殚精竭虑、心力交瘁。追求内心的悠闲自在，即使忙也要带着一份悠闲心情。

养成简静心态

在淡定之中找到自己事业的最爱，以一颗痴迷的心积极投入。物质利益不是和人生的追求成反比，如果你安心做事，名利会离你更近一些。有了简静心态，你往往是最清醒的，对人生的思考也是最深刻的，你能反醒自己的不足，感受生活赐予的美妙。这样，时时鞭策自己，才会对生活充满了敬重。

放下执着心

我们尽可以放开那些在我们生命中无法长久存留的，不去钻进欲望的沼泽。心是荣辱的关键，有心恋荣辱，荣辱处处在，有心舍荣辱，荣辱处处无。不为利诱，不为名染，不为情牵。世上的是是非非只不过是镜中花，水中月，为何让自己偏于执著呢？

人生就像一场戏，尽管剧中曾经风光、繁华过，一旦落幕，一切归于寂静。我们不需要逃脱人世，过隐居山林的世外桃源生活，但是，一定要善于在闹中生活，善于在忙碌中找到自己心灵的归宿。

学会境随心转

清朝名臣谢济世，一生四次被诬告，三次入狱，两次被罢官，一次充军，一次刑场陪斩，经历不可谓不坎坷。

雍正四年（1726 年），谢济世任浙江道监察御史。上任不到十天，上疏弹劾河南巡抚田文镜营私负国，贪虐不法，列举田文镜十大罪状。田文镜深获雍正皇帝的倚重和宠信，谢济世的弹劾引起雍正的不快，谢济世不看皇帝脸色行事，仍然坚持弹劾。雍正认定谢济世是“听人指使，颠倒是非，扰乱国政，为国法所不容”，免去谢济世官职，下令大学士、九卿、科道会审。严刑拷打之下会审官员没有拿到谢济世的犯罪证据，雍正仍然以“要结朋党”的罪名将谢济世拟定斩首，后来改为削官谪戍边陲阿尔泰。

经过漫长艰难的跋涉，谢济世与一同流放的姚三辰、陈学海终于到达陀罗海振武营，他们商量着准备去拜见将军。有人告诉他们：戍卒见将军，一跪三叩首。姚三辰、陈学海听后很是凄然，为自己一个读书人要向人行下跪磕头的大礼而难过。谢济世像是没事似的，心情轻松，不以为意。他对两个同伴说：“这是戍卒见将军，又不是我见将军。”

等见到将军，将军对这几个读书人很是敬重，免去了大礼，还尊称他们为先生，又是赐座又是赏茶。出来的时候，姚三辰、陈学海很是高兴，脸上露出得意神色。谢济世一脸平静，他说：“这是将军对待被罢免的官员，不是将军对待我，没什么好高兴的。”两个同伴问他：“那么，你是谁呀?”谢济世回答说：“我自有我在。”

谢济世这样一番回答，言语之中有对自己的信仰和尊重，到达了完全超脱的境界，修炼出一个完整的自我，超然物外，宠辱加身，心无所动，不为形役，外界的宠与辱都不能触及和伤害他那高傲的灵魂，哪怕面对自己的生命即将被剥夺也面不改色心不跳。在谢济世眼里，没有得意，没有失意，有的是对自我的肯定，对灵魂的把持和坚守。

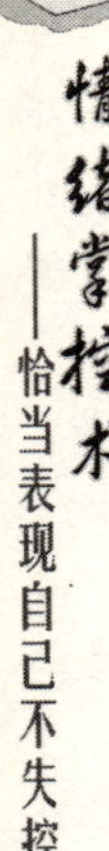

洪应明说："以我转物者，得固不喜，失亦不忧，大地尽属逍遥；以物役我者，逆固生憎，顺亦生爱，一毫便生缠缚。"人要活得自在，没有烦恼，就要能够境随心转。不被外境所转，你在这个境界里面就得自在；你被外境转，被烦恼束缚，你怎么能自在？

人、事、物都是外在环境，个人力量很难完全掌控。我们可以改变自己面对环境的态度，收伏起落不定的心情。任何事都要往好处想，往坏处准备；能解决就解决，不能解决就面对它、接受它、处理它、放下它。

保持积极的心态

一切外境都是我们心灵的镜子。想调整外面的世界符合你的心意，其实从整顿自心即可。境随心转，心态变了，外境自然转变。不管是工作的处理和感情的处理，不但要好好经营，还要保持一个良好的心态，不是所有的事情都按照我们的要求去发展，但是还是应积极面对。

敞开心胸接纳一切

对于所有发生在自己身上的事情，要相信有它的道理，都是一份来自宇宙的礼物，愿意敞开自己的心胸接纳，不再愤怒、恐惧、抗拒及否认，愿意改变自己的心境，改变自己的思想及负面情绪。到了这个境界，你才能真正成为心境及外境的主人，也才能真正体会到以心转境的伟大创造力量。

随缘行道随心自在

西汉思想家陆贾说："不违天时，不夺物性。"要明白宇宙人生都是因缘和合，缘聚则成，缘灭则散，才能在迁流变化的无常中，安身立命，随遇而安。生活中，能在真理的原则下持守不变，在细节处随缘行道，自然能随心自在而不失正道，看穿眼前的浮云，把人生滋味咂透。

在思考中觉醒成长

人生是一个自我觉醒的过程。其间总是含着泪，带着笑，感悟着、思考着、追求着。内心历程的暴风骤雨，灵魂内核里的危机和觉醒，思想深处的直觉与顿悟，让人成熟。人生的价值在于思考和觉醒，而不只在于生存。人在不断思考中一步步走向成熟，同时人的成熟又让人更理性地进行思考。

人常常为身外之物所牵绊而不自觉，终日被物欲困扰的人，总觉得自己的生命很悲哀；留恋于本性纯真的人，会发觉生命的真正可爱。如果我们破除一切执著尘劳，丢掉身外乱性的贪婪和物欲，找回自己，就能获得身心的自然安宁，惬意、舒适、安逸、幸福的生活也随之而来。

耐心·等待转机

一个卖花的老婆婆微笑着，又老又皱的脸上荡着喜悦。冲动之下小伙子挑了一朵玫瑰花。

“今天你看起来很高兴。”小伙子问。

“为什么不呢？一切都这么美好。”老婆婆穿得相当破旧，身体看上去很虚弱。她的回答令小伙子大吃一惊。

“你很能承受烦恼。”小伙子说。

“耶稣在星期五被钉在十字架上的时候，那是全世界最糟糕的一天，可三天以后就是复活节。所以当我遇到麻烦时，就学会了等待三天。一切就恢复正常了。”说完，她笑着道了声“再见”。

我们绝大多数人的处境毕竟要比卖花的老婆婆强得多，我们有什么理由不乐观，不热爱生活呢？事情总有转机，烦恼不过三天。在遇到挫折和困难的时候，要有“等待三天”的耐心。

人生中常被许多不利因素所阻挠，甚至彻底失败。这就像登山常被雪崩、寒冷的天气、不可预测的风暴所阻挠一样。人生的游戏不在于摸到一副好牌，而在于打好一副坏牌。君子藏器于身，待时而动。不得志时要在忍耐中等待时机，如此方能柳暗花明，时来运转。

1993 年盛夏，陈天桥以优异的成绩从复旦大学提前毕业。毕业时的喧闹还犹在眼前，陈天桥却出人意料地迎来了长达 10 个月被“雪藏”的寂寞，满怀抱负的他被分配到陆家嘴集团公司，每天在一个小房间里放映有关集团

情况介绍的录像片，一放居然就放了10个月。

10个月里，陈天桥根本无法去跟别人谈论自己的远大理想，也没办法在简单的放映工作中施展他的才智和抱负……他第一次体验了人生巨大的落差。年仅20岁的陈天桥品尝到寂寞的滋味，并将寂寞化成了日后享用不尽的财富。

“我从复旦毕业，是跳级生，又是全市优秀学生干部，过来就让我干这个……”这时候，年少气盛者或许会很快走人，去找个不会如此“委屈”自己的地方。但是陈天桥的过人之处在于，他很快就意识到寂寞也是磨炼意志的绝佳机会。这段时间，他潜心读了很多书，形成了他后来独特的管理风格的基调。

“我认识到，无论有怎样的抱负，首先是要社会接受你，而不是你去要求社会来适应你，这是当时一个很大的收获。”陈天桥说，“在我当时这样一个年纪，这样一个背景，我能耐得住10个月的寂寞，躲在一个小房间里放录像，我自己感觉这对后面的年轻人还是有所启示的。很多年轻人觉得自己怎样怎样，要干这个，要干那个，但无论干什么，首先要适应环境，而不是等着环境来适应你。”

10个月之后，集团下属的一家企业有个干部挂职锻炼的机会，集团选定陈天桥担任那家有着200多人企业的副总经理。在挂职锻炼期间，来自复旦大学经济系的教育使他拥有出色的战略眼光，而寂寞的锤炼让他克服了一般年轻人好高骛远、不脚踏实地的缺陷。在这家企业，他推行了一系列改革措施，并开始形成自己独特的管理风格。

当时陈天桥准备做网络游戏时，投资方中华网不同意，在多次协商未果后，他选择了和中华网分手。道理很简单，他想坚持自己的理想与信念。运营游戏的过程中，盛大碰到了各种各样的危机，陈天桥感叹说一年遍尝十年苦。当时每一个危机来临的时候，在应付得焦头烂额的时候，他也想过不干企业了，或者不做网络游戏了，反正钱也够花了。但这不是他的追求，他说“那不是我的理想”，每一次碰到艰难的处境时，他都会想到选择自己坚持的理想。

陈天桥的理想和信念很简单，最初是想创造自己的企业来证明自己，现在则是想建造中国乃至世界上的娱乐帝国，生产“快乐和幸福”。没有他的坚持，陈天桥现在可能会在国外哪个大学教书，也可能在上海的哪个部门当官，陈天桥真的就不会成为今天的陈天桥了。

陈天桥似乎是一夜成名，但又有多少人知道他经历了这么多困难呢？

人的一生，从生到死，实际上一直处于等待的状态。一个人，当遇到困境，遇到危险时，要善于等待，在等待中坚定自己的信念，并积极充实自己、完善自己。做任何事情，都要在等待中积聚力量，把握解决困难的良机。时机成熟，方法得当，自然会取得成功。

转机可能随时出现

不经意间我们就会陷入一场危机中，爱情危机、家庭危机、婚姻危机、友情危机、工作危机、社会危机。如果能够正确处理也许能转危为安，反之危机也能引你走向绝境。每一个危机背后也许会有一个转机，因为事情是在发展变化着的，事在人为。转机是生命里多么让人感激的财富，不要轻易放弃，再坚持一下，等到转机的来临。

学会忍耐和等待

有些人有冲劲但耐心不够，一旦遭受到挫折就会觉得生不逢时，怀才不遇，从而愤世嫉俗，更有可能灰心丧气，一蹶不振。因此，学会等待，并且在等待中积累知识和经验，培养专业技能是非常重要的。等待机遇并不是坐视不动，而是要努力去寻找和接近机遇。

每个成功的人背后都有苦衷，即便像太阳那样辉煌，有时也被浮云遮住了光芒。你的才华不会永远被埋没，除非你自己想把前途葬送。你要学会等待和安排自己，要学会坚强，等待云开雾散，柳暗花明的那一时刻。等待是一种生存哲学，经过等待和考验的人生才更美丽。

第五章

内心强大，自信坚强无畏惧

别把自己看得太低

张爱玲说："喜欢一个人，会卑微到尘埃里，然后开出花来。"了解张爱玲的人都知道，她是一个自卑的人，有着建立在自卑基础上的高度自傲。俗话说："天下无人不自卑。"无论是圣人贤士、富豪王者，还是布衣寒士，在潜意识里，每个人都有深深的自卑感。如果想成就一番事业，就必须战胜自卑感。

白岩松年轻时曾非常自卑。当他从一个北方小镇考进了北京的大学，上学的第一天，他邻桌的女同学第一句话就问他："你从哪里来？"这个问题正是他最忌讳的，因为在他当时的逻辑里，出生于小城，就意味着没见过世面。这个女同学的问话使他一个学期都不敢和女同学说话，很长一段时间，自卑的阴影占据着他的心灵。每次照相，他都要下意识地戴上一个大墨镜，以掩饰自己的自卑心理。

张越当年也曾为自己的肥胖而自卑。20年前，她在北京上大学，几乎每天都在自卑中度过。她疑心同学会在暗地里嘲笑她肥胖的样子太难看，因此不敢穿裙子，不敢上体育课。大学毕业时，她差点领不到毕业证，不是因为功课差，而是因为她不敢参加体育长跑测试。老师说："只要你跑了，不管多慢，都算你及格。"可她就是不跑。因为恐惧，恐惧自己肥胖的身体跑步一定非常愚笨。可是她连向老师解释的勇气都没有。

王菲说，她也曾自卑过很多年。因为她觉得自己不聪明，18岁时勉强考上福建一所并不出名的大学，又没有去上，到现在也没有一个正经学历；她觉得自己没有毅力，减肥通常不超过一周就要打退堂鼓；她觉得自己不擅长交际，尤其不会讲话，所以一见记者就着急，不善于和媒体沟通，老给人家一个耍大牌的感觉。

尼采自幼性情孤僻，而且多愁善感，又矮又瘦，纤弱的身体使他总是有一种自卑感。他曾追求过一个美丽的姑娘，但因为太笨拙，没有成功，这使

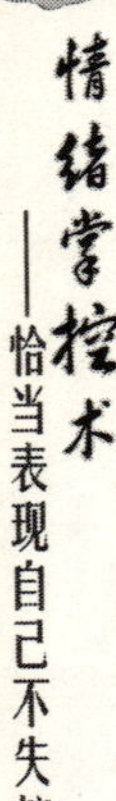

他更加自卑。因此，他一生都是在追寻一种强有力的人生哲学来弥补自己内心深处的自卑。

后来，白岩松、张越成了中央电视台著名的节目主持人，经常对着全国几亿电视观众侃侃而谈。特别是张越，还是第一个完全靠才气，丝毫没有凭借外貌走进中央电视台的主持人。王菲如今被称为歌坛天后，演戏、唱歌都很成功，所到之处万人空巷。尼采成了著名哲学家，“超人哲学”的奠基者，他打破了以往哲学演变的逻辑秩序，凭的是自己对人生独到的理解，写了许多文笔优美、寓意隽永的著作。

因为他们没有怨天尤人，没有自暴自弃，而是超越了自卑，战胜了自卑，因为自卑而产生的动力使他们比别人更努力，付出更多。曾经有过自卑并不可怕，可怕的是永远沉溺其中，不可自拔。

每一个人都或多或少的存在一些心理问题，对于大多数的人来说，心理问题并没有影响到自己的正常生活。自卑就是一种最常见的心理疾病，自卑的人总是觉得自己处处低人一等，不如他人，心中生出惭愧、羞怯、畏缩甚至灰心的复杂情感。一个有着强烈自卑感的人，经常会轻视自己，认为别人能够办到的事情，自己是无法完成的。自卑倾向过于严重，最终会导致自卑的性格。

自卑会让人变成坐井观天的青蛙，看到的世界自然渺小。自卑是取得成功的最大障碍，切勿让自卑封锁自己的内心，被成功拒之于门外。你要跳出井底来，看看外面精彩的世界。

正视自卑

有自卑感的人往往不敢正视自己的自卑，从而也就没有战胜自卑的意识。西方有句谚语“用剑之奥秘，在于眼”。正视它，才能运用自如。适当的自卑反而可以激发一个人向上的动机和斗志，促使她改善不足，超越自我。

全面认识自己

每个人都有自己的长处和短处，要学会对自己作出公正客观的评价，既不掩盖自己的优势，也不逃避自身的劣势。自卑者容易专注于自身的缺点，并形成灾难化的自我评价，认为自己什么都做不了，对自己很绝望，甚至是憎恨、厌恶。可事实往往并非如此，正确地接纳自己，包括自己的优缺点，才是建立自信的基本策略。

树立自信

自信是消除自卑的最好方法，自信能使自己不断地发现自己各方面的优点，从而满怀信心地去拼搏，使自己获得更多的成功。我们要在生活中扬长避短，遇到挫折的时候充分去发挥自己的长处，及时去弥补自己的缺陷。不去钻牛角尖，不去抓住自己的缺点不放。在自己的心田上种满自信的种子，让信念在心中开出一朵朵芬芳之花。

善于补偿

自卑情绪在某些时候可以转化为巨大的动力，人往往从心理方面寻找出路，寻求得到补偿。一个人自卑感越强，寻找心理补偿的愿望也就越大，就会发展自己的特长、优势，在其他方面超过别人。正是如此才造就了很多的成功人士，如耳聋的贝多芬、瘫痪的张海迪，他们都是克服了自己的缺陷，从而超越自卑，走向成功。

客观面对他人的评价

人们对自我的认识和判断往往是他人对自己评价的反映，这就是社会心理学的“镜像自我”概念。你穿了一件自己喜欢的衣服，遇到好几个人都说衣服不好看，你很有可能就会认为自己审美有问题。如果你所做的事情总得不到别人认可，久而久之就容易形成自己无能的自我概念，产生自卑感。正确面对他人的评价很重要，既不能闭目塞听，也不能毫无主见地听从他人评价。在科学审视自身的基础上，合理采纳他人意见才是可取的做法。

用行动证明自己

一个人只有通过获得成功的体验才能真正走出自卑，建立自信，这在心理学上叫做“高峰体验”。要获得这种体验，离不开积极的行动和刻苦的努力。征服自卑，建立自信最快、最确实的方法，就是去做害怕的事，直到你

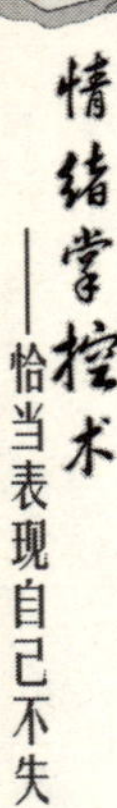

获得成功的经验。天下没有免费的午餐，走出自卑，建立自信，靠的是脚踏实地的行动和努力。

积极的自我暗示

自卑者往往都是被消极的自我暗示给打败的，一个总是在心中说自己不行的人，又怎能期待其取得成功的结果呢？走出自卑，建立自信，离不开积极的自我暗示。你可以在心中想着自己是充满自信而不是个自卑之人，时间一长，积极的心态就会有所叠加，星星之火终会成为燎原之势。

你之所以感到巨人高不可攀，只是因为自己跪着。别把自己看得太高，也别把自己看得太低。我们每一个人都应该积极地去自我发现，正确看待自己，不断挖掘自身的潜力，用积极健康的心态投入学习工作和生活中。

首先要相信自己

天文学家洛韦尔预言：在海王星外有一颗尚未发现的行星。此后，匹克林用望远镜拍照观察了十几年却一无所获。直到冥王星被发现后，他才恍然记起自己拍的照片上有这个点，当时他记得镜头上有粒灰尘，正在如今冥王星的位置上。这粒灰尘让第一张冥王星的照片静静躺了 11 年，也让匹克林错过了发现冥王星的机会。

同是一粒灰尘，却让弗莱明发明了青霉素。在他之前，很多人都注意到了霉菌抑制葡萄球菌现象，可是都没有能继续深入研究下去。弗莱明在培育菌种时，飘来一粒灰尘，落到了培养皿中，结果受到污染的霉菌周围清澈透明，葡萄球菌繁殖区域的黄颜色消失了……原来在灰尘中生成了青霉菌。就这样，弗莱明发明了抗菌新药青霉素。

真的是一粒灰尘令匹克林功败垂成而让弗莱明功成名就吗？镜头上是落上了灰尘，但更主要的原因是匹克林心上也落上了灰尘，他认为冥王星不可能运行在灰尘所在的区域中，否则他怎么会吝惜那丝吹灰之力呢？当一粒灰尘飘到培养皿里时，弗莱明心上并没因此蒙上灰尘，否则严谨的他怎能不把它倒掉从头再来呢？

很多时候，不是因为灰尘使得我们作出了否定，而是心中有了隐形的灰尘让我们自己先否定了自己，全然不觉近在咫尺的成功。世界灰尘蒙蒙，只有那些慧心不曾蒙尘的人才能发现生活的缤纷色彩，品尝到成功的喜悦，并为之陶醉。

消极的人总是恶意地猜测事物，为自己的失败找借口，错过很多机会；积极的人总是善意地理解生活，为自己的成功找理由，最终实现梦想。在所有最重要的人生态度中，积极主动应该排在第一位。事在人为，相信自己，别人能干的事自己一定也要去尝试。

在生活中，许多事情人们之所以不去做，只是他们认为不可能，而许多不可能只存在于人们的想象之中。强者未必是胜利者，而胜利迟早都属于有信心的人，只要你有自信，一切皆有可能。这就是心理学中的杜根定律。

为了验证自信对行为产生怎样的影响，心理学家做了这样一项实验：让七个人穿过一间黑暗的房子，结果，七个人在他的引导下全部成功穿过。然后，心理学家拿来一盏小黄灯，在昏暗的灯光下，七个人吓出一身冷汗，原来地面是一片水池，而且水池中还有几条鳄鱼，刚才他们是通过窄窄的小木桥走过来的。

此时，心理学家问：“现在有谁愿意再次穿过这间房子？”过了一会儿，有三个胆大的人站出来，第一个人小心翼翼地走过去，速度比第一次慢得多；第二个人颤颤巍巍走到一半，就趴在小桥上爬了过来；第三个人只走了几步，就止步不前了。心理学家打开了室内所有的灯，灯光将室内照得如同白昼。人们发现小木桥底下有一张安全网，因为网的颜色很浅，所以根本没人发现。

“现在，谁愿意通过这座小木桥呢？”心理学家问道。这次有五个人站出来。此时，专家问另外两个人：“你们为何不愿意呢？”“这张安全网牢固吗？”两个人异口同声地问道。

这个实验得出结论：一个人失败的原因往往不是因为能力低下，而是由于信心不足，所以致使还没有上场，精神先败下阵来。想想那些世界顶级运动员，无一不是具备了坚定的自信心与良好的心理素质。大赛当前，选手们

在技术上往往相差无几，考验的是人们的心理素质，起决定性作用的是运动员微妙而多变的心理，这就是为何有的人能在比赛中超常发挥，而有的人则往往发挥失常的原因。

在现实生活中，许多人正是因为拥有自信心，才能在事业上取得成功。当年，杰克·韦尔奇凭借优异的成绩进入马萨诸塞州大学。他说："在这所州立大学里，我获得了更多的自信。我坚信我所经历的一切都会成为日后成功的基石。"韦尔奇是马萨诸塞州大学最顶尖的学生，他大学的班主任说："他的那双眼睛总是非常自信，他痛恨失败，就算在足球比赛中也不例外。"后来，韦尔奇将"自信"定为通用电气公司的核心价值观，在他看来，一切管理都是由自信展开的。

自信是成功的必要条件，是成功的源泉。在现实生活中，有很多人总习惯说："我不行""我胜任不了"之类的话，这是典型缺乏自信的表现，这是一种消极的自我暗示，说话人在潜意识中提醒自己不能完成某项工作或事物。这是前进中巨大的阻力，更糟糕的是，很多人尚未意识到它的不良影响。

人的心理状态是很复杂的，心理暗示的影响力也是非常大的，当人们遇见相同的事情时，心理状态是决定成败的重要因素。所以，当我们面对生活和工作中的压力与考验时，必须相信自己的能力，抱着必胜的信心全力以赴。要知道，人的潜力往往在这个时段能被激发出来。想要成功的人，就必须拥有自信。在日常生活中，我们如何培养自信呢?

扬长避短，发挥优势

了解自己的长处和短处，不要总盯着自己的缺陷，要学会扬长避短，尽量发挥自身的长处，自然会有出色的表现，自己的成绩无论大小都会增强你的自信心。你没有必要沉迷于自己失败的一面，因为任何人都是不完美的，你应该为自己的优点和长处感到自豪。

敢于面对失败

没有人可以永远最强，失败是在所难免的，你无须逃避自己的失败。只有弱小的自卑者才会盯着自己的失败和缺点不放手。现实中的恐惧，远比不上想象中的恐惧那么可怕。与其自己吓自己，还不如洒脱地面对现实，肯定自我的能力，从而培养自己的自信心。

学会独立，承担责任

一个人的幸福程度取决于他能够在多大程度上独立于这个世界。在很多时候，独立意味着能够承担必要的责任，而能够承担必要责任的人相对来讲更容易自信。不能独立的人，往往会成为他人的负担，甚至被人讨厌。自己是自己，别人是别人；自己的事情自己完成，自己的责任自己承担。

有一位诗人说：“自信是半个生命，淡漠是半个死亡。”有信心才能激发拼搏精神，产生顽强的意志，生命才会有意义和价值。做人就要做一个自信的人，悦纳自己，肯定自己，乐观、开朗、愉快、喜悦地面对生活。

乐观才能有好运

美国自然科学家杜利奥说：“没有什么比失去热忱更使人觉得垂垂老矣!”精神状态不佳，一切都将处于不佳状态，心理学将此定理称为杜利奥定理。每个人的智商并没有多大的差异，现实中人与人之间的差距还是很大的。因为每个人的心态不同，人生的境遇也大相径庭。

很多人感慨自己的命运不好，为工作奔波，为感情烦恼，为生活愁苦。当失去信心或遇到很多挫折时就会相信所谓的命运。命运是什么？命运就是那些可选择的和不可选择的，可改变的和不可改变的。一个人的坚强也许会改写一生的命运，改写一个时代的命运，改写一个王朝的命运，甚至会改写整整一段浩繁的历史。

日本的丰臣秀吉在地位卑微时，曾经让人看了自己的手相。看相人说：“你的手相不太好，不能大福大贵。”丰臣秀吉非常生气，拿出刀来在自己手掌上很快划了几刀，说：“这样又会怎样?”用刀把自己的“命运线”改写，表明丰臣秀吉少年时代就有远大的志向。

丰臣秀吉起先在松下氏那里工作，后来又换到信长那里做事。他专门替信长提草鞋，身份相当卑微。因为他很想接近将来可能很有希望的信长，所以，不管什么事情都能替信长做得很好。后来，丰臣秀吉从一个童仆成功地得到了当时的天下，成了日本的英雄。

命运一半掌握在上帝手中，一半掌握在自己手中。成功就是用自己手中的一半去赢上帝手中的另一半。人的命运在于选择，在于改变。选择什么样的行动，就得到什么样的结局。

有一次，我去拜访一位事业上颇有成就的朋友，闲聊中谈起了命运。

我问："这个世界到底有没有命运？"

他说："当然有啊。"

我再问："命运究竟是怎么回事？既然命中已注定，奋斗又有何用？"

朋友没有直接回答我的问题，但笑着抓起我的左手，说不妨先看看我的手相，帮我算算命。给我讲了一番生命线、爱情线、事业线等诸如此类的话之后，突然，他对我说："把手伸好，照我的样子做一个动作。"他的动作就是：举起左手，慢慢地而且越来越紧地握起拳头。末了，他问："握紧了没有？"

我有些迷惑，答道："握紧啦。"

他又问："那些命运线在哪里？"

我机械地回答："在我的手里呀。"

他再追问："请问，命运在哪里？"

如当头棒喝，我恍然大悟：命运在自己手里！

他很平静地继续说道："记住，不要相信算命先生的话，命运在自己的手里，而不是在别人的嘴里！当然，生命线有一部分还留在拳头外面没有被握住，这一部分掌握在上天手里。"

命运绝大部分掌握在自己手里，古往今来，凡成大业者，奋斗的意义就在于用其一生的努力去争取。只要放开握着的手，就可以拥有自由跳跃的命运！

年轻的李先生是一位非常有名的管理顾问，他的办公室内各种豪华的摆饰、考究的地毯，忙进忙出的人潮以及知名的顾客名单，都无不在告诉人们，他的公司的确成就非凡。但是，在这家鼎鼎有名的公司背后藏着无数的辛酸血泪。

李先生在创业之初的头六个月把自己十年的积蓄用得一干二净，并且一连几个月都以办公室为家，因为他付不起房租。他婉拒过无数的好工作，因为他坚持实现自己的理想。他也被拒绝过上百次，拒绝他的和欢迎他的顾客几乎一样多。

在整整七年的艰苦挣扎中，谁也没有听他说过一句怨言，他反而说："我还在学习啊。这是一种无形的、捉摸不定的生意，竞争很激烈，实在不好做。但不管怎样，我还是要继续学下去。"李先生真的做到了，而且做得轰轰烈烈。

朋友有一次问他："把你折腾得疲惫不堪了吧？"李先生却说："没有啊！我并不觉得那很辛苦，反而觉得是受用无穷的经验。"

李先生一直不停地折腾，28 岁那年，他终于成功了。

衡量一个人是否成功，就是看他经历过多大的磨难，磨难越大就越成功。在这个世界上，有无数的人最后成为行业的佼佼者，他们基本上都是凭着积极进取的精神最终成就大业。

乐观犹如一剂良药，使人能够经常保持一份轻松、自信的心态，使人情绪稳定、精神饱满，而且对外界没有过分的渴求，对自己也能有一个客观而准确的评价。乐观的人即使在遇上磨难挫折的时候，也常常会心存希望，他们往往能够发现事情光明的一面，去发现隐藏在其中的意义和价值，而不是一味地自责、怨天尤人。

那么如何才能帮自己时刻树立乐观的信念呢？

看事情积极的一面

不管是什么，都可以看到积极的一面。同样是半杯水，有的人就会说："就剩下半杯水了"。另外一些人就会说："还有半杯水呢！"生活中时时充满了令人欣慰的事情，凡事不要太消极，试着放下那沉重的心情，轻松地去面对，你会发现事情原本没有那么糟糕。

换个角度思考问题

积极向上的情绪，能使人心情开朗、愉快，精力充沛，对生活工作都时刻充满了热情与信心。在生活中应学会自我调节，当遇上令心情很糟的事情时，应学会换个角度与方式去思考，这样思维被打开之后，就不会总是沉浸在不良的情绪中。换个角度看问题之后，也将会有更大的收获。因此，要学会自我调控情绪，排除不良情绪，让自己在愉快的环境中度过每一天。

制定适度的奋斗目标

在日常的生活中，懂得合理地把自己的人生目标放低，把奋斗的目标定在自己能力所及的范围之内。这样制定的目标就能经常实现，对于自己来说，就是一种不断的激励，自信与乐观自然会常伴左右。因此，不要过分地去苛求自己，即使制定的目标暂时没有完成，也不要深深地自责，不要消极怠慢，而要学会鼓起勇气，换个角度来重新看待问题，这样就会有全新的收获。

心态决定你的视野、事业和成就，积极的心态能够激发起你自身所有的聪明才智，消极的心态会遮蔽住你才华的光芒。一个积极心态的人常能心存光明远景，在很大程度上决定了最后的成功。所以，你要用积极的心态指导自己的行动。

天生我材必有用

李建大学毕业后在一家贸易公司上班。在公司里，他不好好工作，整天只想着泡天涯聊 QQ，把工作抛之于脑后，心中从来没有工作的概念，从来没有对自己的人生作过打算，从来不知道自己将来究竟要干什么能干什么。他觉得自己胸无大志，到哪里也不会受人家尊重和信任。

李建只是抱着完成任务的心态在工作，也从来不知道主动去工作，只是公司领导说什么他就做什么。在很多时候，公司领导说了，他也没有做到。有时候做了，也是低效劳动，拖拖拉拉，屡次让领导失望。他觉得自己很消极，烂泥扶不上墙，配不上别人对他的信任。

李建的工资经常不够花，厚着脸皮开始向公司借钱，还向其他朋友借钱。借的钱往往有借无还。他觉得自己食言而肥，没有实现自己当初的承诺，很卑鄙，很无耻，是一个很无用的人，对社会没有一点价值，让亲人和朋友失望了。

其实，李建意识到了自己的缺点，只要下决心改正，还是大有希望的。他需要增强一些责任感和上进心，需要进一步认识自己，对自己进行人生规划，设定奋斗的目标，他还是能够大有作为的。

李白说："天生我材必有用。"这句话鼓舞了无数人走上成功之路。每个人都希望自己是成功者。每个人来到这个世界，都有其自身的意义和价值。上天创造了你，就必然有你的用处。

法国雕塑艺术大师罗丹出身于贫寒家庭，父亲是警察局的雇员。他自幼酷爱绘画，但父亲强烈反对，他只能徘徊在美术学校的大门口。罗丹后来的伟大成就更多地是得益于他的勤奋好学。

每天天不亮，罗丹就起床，先到一个业余画家的家里对着实物画几个小时的素描，接着又急忙赶去上学。晚上从学校回来，还要去博物馆在那里要画上两个小时。除此之外，罗丹还要抽空到图书馆、博物馆观摩学习古代的雕塑作品。他是在争分夺秒地学习。

罗丹 14 岁那年，一个偶然的机会进入了巴黎图画数学学校。在那里，他遇到一位爱才如命的老师勒考克。勒考克发现罗丹是一株才华初露的幼苗，立刻以极大的热情和严格的态度来精心培植他。

有一次，罗丹因家庭经济困难无力购买颜料，他十分难过，一气之下决定撕掉自己所作的画，永远与艺术告别。勒考克闻讯火速赶来，声色俱厉地对罗丹说："只有我才能决定如何处理你的这些画！我要把这些画保存起来。"不久，他把罗丹送进雕塑室去深造。

后来，罗丹在别人劝告下报考巴黎官方的美术专科学校，但一连三次都名落孙山。罗丹绝望了，他悲伤地认为，作为雕塑家，自己的生命已经结束了。这时，勒考克又向他伸出了热情的双手，耐心地开导他说："未被录取，这是你可能遇到的最好的事情。要知道，美术学校已经变成了一所古典主义的学校，那里塑造出来的东西千篇一律，毫无感情，非常单调，全是骗人的东西。"

在老师的鼓励下，罗丹重新树立起不断进取的信心和勇气，终于成为继米开朗基罗之后最有影响的雕塑家。

一位年轻人在谈到自己成功的经验时说：“‘相信自己’是我人生的动力，是我走向成功的勇气和毅力。”只有当一个人拥有了自信，才能真正做到知其必为而拼力为之，知其可为而全力为之，知其难为而勉力为之。一个不输给自己的强者，就不会被失意和空虚的生活捆住手脚。

很多人觉得自己笨，对成功不敢抱有希望，总觉得成功属于那些高智商的人。事实果真如此吗？在现实生活中，学历和智商都较高的人庸庸碌碌、无所作为的大有人在；而学历、智商都很低的人却有不少成为出类拔萃、有所成就的成功者。

加拿大有个穷孩子琼尼，因为智商低，学校的功课总是跟不上，学校只好劝他退学。为了安慰他，学校请了一位心理学家和他谈了一次话。心理学家告诉他：工程师可能不识乐谱，医生不一定会绘画，你被劝退学了，但不等于没出息。这番话对他产生了影响。后来，他长年给人家整建园圃，修剪花草。二十年后，他成为闻名全国、受人尊敬的风景园艺家。

不管你的职业和地位如何，遭受挫折和失败多少，处境的好坏和身体条件、学历和智商的高低，这些都不是决定你获得成功的条件。唯有真正认识自我，发展积极的心态，才是决定性的因素。

人人都有成功的能量，人人都能成功，你也一样，如果你善于开发你的能源，利用你的能量，你也一样会取得事业上的成功。只要肯努力，有决心，任何人都有成功的机会。

大音乐家贝多芬是个聋子，残疾者的导师海伦·凯勒是个聋哑盲的不幸姑娘，杰克逊和林肯都出身于贫苦的家庭中，贫困并不能阻挡他们成为美国总统。可见，身体缺陷、贫穷、教育程度、年龄等都不是影响成功或失败的主要因素，只要肯努力、有决心，任何人都有成功的机会。

做负责的人

你要做一个对自己和家人负责的人。人只要活着，首先要对自己有用，可以通过自己的劳动满足自己的需要，养活自己，这就是一个人最基本的自我价值。一个人只有养活自己，才可能去帮助别人，为家人和社会作出更大的贡献。能力是学习锻炼出来的，我们只有在能够养活自己的基础上努力上进，让自己的知识水平和做事能力不断提高，才会有更多的机会并在更大的范围内去实现自己的自我价值。

激发雄心壮志

雄心壮志是你在很长时间内所拥有的大志向，是茫茫黑夜中的北斗星指引你前进的方向，是你通往事业巅峰的推动剂。你希望成功，正好说明成功的本能正在驱使你去争取你的需要。要想实现自己心中的雄心壮志，就应一步一步、脚踏实地去努力。只要你有信心，有毅力，就可以走向成功之路!

培养自制力

提高你的认知水平，端正动机。认知水平、动机水平会影响一个人的自制力，潜伏着的动机是高尚的、积极的、达观的，你就会很少受消极情绪的影响。针对自己的某种弱点、某种行动中的某种消极的心理，来训练培养自制力。应当先对自己作一番解剖，找出自己在那些活动中常犯的毛病，然后选择适当的训练方法，通过训练在实际活动中矫正之。

很多人总是羡慕别人的成功，只是站在成功的山脚下观望，却不从自身寻找成功的方法。你怎样导演你的人生，你的人生就是什么样。与其羡慕别人的成功，不如静下心来，为自己自导自演一个多姿多彩的人生。我们应该对自己的未来充满信心，努力去实现自己的价值，做一个有用的人。

善用尊严的力量

张凤兰出生在四川贫困山区，高中毕业后，她考上广州一所重点大学。未来在她和家人面前呈现出一片灿烂与美好。然而，进入大学后，她先前的那种自信被一个又一个的尴尬与迷惑击得粉碎。

张凤兰进入大学第一个月，班里一位家住广州的女生过生日，邀请部分

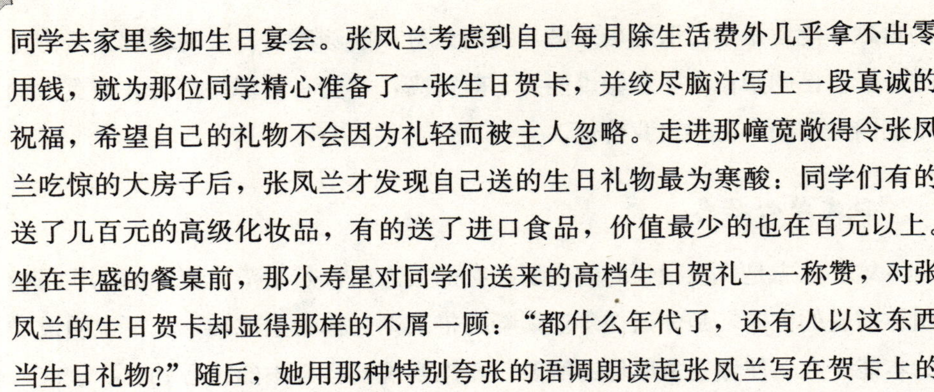

同学去家里参加生日宴会。张凤兰考虑到自己每月除生活费外几乎拿不出零用钱，就为那位同学精心准备了一张生日贺卡，并绞尽脑汁写上一段真诚的祝福，希望自己的礼物不会因为礼轻而被主人忽略。走进那幢宽敞得令张凤兰吃惊的大房子后，张凤兰才发现自己送的生日礼物最为寒酸：同学们有的送了几百元的高级化妆品，有的送了进口食品，价值最少的也在百元以上。坐在丰盛的餐桌前，那小寿星对同学们送来的高档生日贺礼一一称赞，对张凤兰的生日贺卡却显得那样的不屑一顾："都什么年代了，还有人以这东西当生日礼物?"随后，她用那种特别夸张的语调朗读起张凤兰写在贺卡上的那段祝词，换来的是大家一阵又一阵的哄笑。那一刻，张凤兰如坐针毡。这次尴尬的生日宴会在张凤兰的心里留下了难以忘却的阴影。

随后不久发生的一件事使张凤兰受伤的心变得更加痛苦。那是一个周末，同学们约好要去市区游玩后到 KTV 练歌房唱歌。游完唱完一算账，每个人要均摊 150 元，张凤兰有些尴尬了：她身上只有 100 元钱！看到张凤兰尴尬难受的样子，一位同学这样说："她家穷底子薄，别再难为她了，我们每人多摊一点算了。"话音未落，立即遭到几位同学的反对："这不公平吧?想省钱就不要出来玩嘛!"

从此，因为家贫而不断伤了自尊的张凤兰再也不愿意参加同学组织的各类活动了，而大家再有活动也不会邀请张凤兰，就连在校园里的聚会玩耍也没人愿意告诉她。张凤兰每天只好在"教室、餐厅、宿舍"三点一线中活动，一种特别的孤独感令她更加自卑，性格也变得更加内向。

大学二年级时，同宿舍的女生在枕边的 200 元钱不见了，张凤兰受到了怀疑。面对那一双双异样的目光，她有一种百口莫辩的屈辱感。她心想：就因为家穷，我就可以任人怀疑、任人羞辱吗?那天晚上，痛苦绝望的张凤兰服下了大量的安眠药，她要以死来摆脱内心的痛苦与烦恼。好在发现及时，张凤兰昏迷了一天一夜后，又重新睁开了眼睛，从死亡线上挣脱了过来。

张凤兰走上绝望之路，既有自卑心和屈辱感的煎熬，也有孤独自闭等人际交往方面的窘困，使她丧失了走出困境、摆脱艰难的信心与勇气。当前，像张凤兰一样因为贫困而陷入心理困境的大学生为数不少。

我们时常在自卑与自尊之间徘徊。一个人不管有多么卑微，也不能失去做人的尊严，应该受到他人的尊重。每个人都有自尊的需求，希望受别人的尊重，受到别人的赏识、表扬，获得荣誉和地位等。只有有尊严地活着，才能为尊严而奋斗，为尊严而抗争。

人活着就要为自己争一口气。起点低？我要高给自己看看。事不顺？我要顺给自己看看。要争气就得有志气，光有志气还不够，还要将它化成一股激励自己不断进取的力量，这样才能获得成功。

上海的吉盛伟邦已经成了中高档家具的代名词。老板邹文龙是长春人，在一向瞧不起“外地佬”的上海打出了一片天地，身家要以若干个亿元计算。邹文龙的成功动力来自他岳父给他的刺激。

邹文龙在高二时开始谈恋爱，身体又不好，生了一场病。后来女朋友考上了大学，他却落榜了。女朋友的父亲对他说：“你和我女儿有三大差别。第一是城乡差别：我女儿是城市户口，你却来自贫穷的农村。第二是脑力劳动与体力劳动的差别：我女儿已经考上了大学，而你却接亲戚的班到一个小杂货店搬油盐酱醋出卖劳动力。第三是健康上的差别：你身体不好，影响你没考上大学，难以想象一个身体不好的人以后怎么靠体力活儿吃饭，你怎么能够养得活我的女儿？所以，你和我的女儿谈恋爱，坚决不成！”

为了得到女朋友，邹文龙只有一条路，就是消灭“三大差别”。在这样的情况下，邹文龙开始了创业。他离开原工作岗位，勇敢地投身到长春家具市场的激烈竞争中，创建了吉盛商场。后来他的公司越做越大，进军上海，把吉盛伟邦从小店发展壮大为家具营销集团，走出了一条成功的民营企业创业之路。

很多人成功的欲望来自于现实生活的刺激，刺激的发出者经常让承受者感到屈辱、痛苦，这种刺激经常在被刺激者心中激起一种强烈的愤懑、愤恨与反抗精神，从而使他们做出一些超常规的行动，焕发起超常规的能力。生命的尊严与生俱来不可剥夺，有尊严地活着才能进取，才能成功。

提升自尊心

自尊心能激发人的荣誉感和耻辱感，它能唤起人的斗志，鼓起追求进步的热情。自尊心是一个人成长进步不可缺少的助推剂，是一种自爱自强、积极向上的可贵精神和优秀品质。一个毫无自尊心的人，很难会反思和纠正自己的错误与不足，不会正确对待别人的批评与帮助，也不会发愤图强、有所作为。

保持向上心

在遭受挫折时，应该善于自我开导，自我激励，永远保持一颗不甘人后的向上之心，以此战胜挫折、赢得别人的尊重。自甘落后，不付出艰苦努力迎头赶上，最终将彻底丧失自尊。积极面对人生，不在一时一事的得失上分心走神，处处向身边的先进者看齐，埋头苦干，以勤补拙，力求不断提高自己的能力素质。

维护自尊心

维护自尊心，关键在于用行动改变别人对自己的看法。以健康的自尊心激励自己不懈奋斗，人生之路就会越走越宽。

自尊心是一把双刃剑，有积极的一面，也有消极的一面，我们要有健康的自尊心。人就是在不断的竞争中成长，人们永远赖以自立的是他的智慧、良心、尊严。为了尊严，为了生存，我们要不断的努力，直到成功。这是大多数成功者走过的共同道路。

坚持你的梦想

一位略有腿疾的女孩，参加某选美赛事时说："就算梦想的翅膀已经折断，但我还是要努力向高空飞翔。"她的坚强不但感染了评委，还让与她一同参赛的选手对她刮目相看。

她的竞争对手鼓励她："断翼的天使一样拥有美丽的天空，只要你顽强飞起来，就能在人生的大舞台上，舞出你的人生。""她始终浅浅地笑着，那笑容让人们感受到生命的美好和强大，一个有着强大内心的人，上帝也不能剥夺她的梦想。"

梦想常常是未来的预言，有了梦想才有希望，才能激发潜能。梦想具有鼓舞人心的创造性力量，鼓励人们完成自己的事业；梦想又是才能的增补剂，增加人们的才干，使一切美梦成真。

2008年3月24日，国际足联花费巨资赞助拍摄的体育励志题材影片《一球成名》在中国公映。皇家马德里三位当家球星贝克汉姆、齐达内和劳尔集体参与了本片的演出。

这是一部关于成长和梦想的影片，影片的片头字幕是这样的："人因为梦想而伟大。"这部影片给了很多在庸碌生活中的人们很多感动，它承载着很多人内心时不时蠢蠢欲动的英雄梦想。

《一球成名》主要讲述的是出生在洛杉矶的墨西哥男孩桑蒂亚戈梦想成为一名伟大的足球运动员。在自己的努力和球探的发掘下，终于为自己赢得了一份签约英超著名俱乐部纽卡斯尔联队的合同，从此要面对完全不同的欧洲联赛舞台……

人生就是一次义无反顾的冒险，有了梦想之后，爱拼才会赢。桑蒂亚戈就是这类典型的成功人士，他矢志不渝坚持儿时的足球梦想，即使试训狼狈不堪也不改初衷，最终一战成名。

《一球成名》虽然讲的是足球故事，但是真正让人为之激动、感动、呐喊并为之流泪的不仅仅是足球，还有我们每一个人心中都曾有的那个梦想。

人因梦想而伟大，这句话最早是著名影星英格丽·褒曼说的，她是一位被众多影迷深深热爱着的好莱坞的"第一夫人"，多次获得奥斯卡奖。

英格丽·褒曼18岁那年，她的梦想是在戏剧界成名。但是，她的监护人奥图叔叔却要她当一名售货员或者什么人的秘书。为此两人争执不下，奥图叔叔答应给她一次参加皇家戏剧学校考试的机会。如果考不上的话就必须服从他的安排。

为了能考上皇家戏剧学校，英格丽·褒曼还颇费了一番心思。一方面，她为自己精心准备了一个小品，表演一个快乐的农家少女，逗弄一个农村小伙子。她比他还胆大，她跳过小溪向他走去，手叉着腰，朝着他哈哈大笑。她反复认真地排练这个小品。另一方面，在考试的前几天，她给皇家剧院寄去一个棕色的信封，并说明如果自己考试失败了，棕色信封就退回来；如果通过了，就给她寄来一个白色信封，告诉她下次考试的日期。

考试的时候，英格丽·褒曼跑两步在空中一跳就到了舞台的正中，欢乐

地大笑，接着说出第一句台词。这时，她很快地瞥了评判员一眼，惊奇地发现评判员们正在聊天，相互大声谈论着，并且比划着。见此情景，英格丽·褒曼非常失望，连台词也忘掉了。她还听到裁判团主席对她说："停止吧！谢谢你……小姐，下一个，下一个请开始。"

英格丽·褒曼听到这话后彻底失望了，她好像什么人也看不见、什么也听不见，在舞台上待了三十秒就匆匆下台。她感到自己唯一能做的一件事就是去投河自杀。

她站在河边，准备结束自己的生命，当她的目光投到河面上时，发现水是暗黑色的，发着油光，肮脏得很。她猛然想到，等她死了以后，别人把她拖上岸后身上会沾满脏东西，还得咽下那些脏水。她又犹豫了："唔，这样不行。"于是就放弃了自杀的念头，回家了。

第二天，有人给她送去了白信封。白信封？她有了白信封。她真的拿到了被录取的白信封。多年后，已成为明星的英格丽·褒曼碰见了那位评判员。闲聊之际，便问道："请告诉我，为什么在初试时你们对我那么不好，就因为你们那么不喜欢我，我曾经想去自杀。"

"不喜欢你？"那位评判员瞪大眼睛望着她，"亲爱的姑娘，你真是疯了！就在你从舞台侧翼跳出来，一来到舞台上的那个瞬间，而且站在那儿向着我们笑，我们就转身彼此互相说着："好了，她被选中了，看看她是多么自信！看看她的台风！我们不需要再浪费一秒钟了，还有十几个人要测试呐！叫下一个吧！"

一个不自信的人，怎么能鼓起生活和事业的风帆？又怎么能达到光辉的彼岸？所以我们要远离自卑，以自信的面貌来面对人生。拥有自信心是对自己的充分肯定，它能使自己向更远的目标挑战。

人要活出精彩

来到这个世界上，就好好地活一回，找到自己存在的价值，给自己的人生画上色彩。每个人都有自己活着的意义，都要为自己的目标而努力。成功须付出汗水，成功、失败、大笑、痛哭，每一个环节都尽情地去体会、享受。一个人如果没有了理想，做什么都是做给别人看，自己又能体会到什么呢？

坚持自己的梦想

人的幸福和欢乐在于奋斗，而最有价值的是为理想而奋斗。坚持努力的过程或许是艰辛与充满痛苦的，但只要不放弃梦想，终能获得甜美的果实。不要随波逐流，人云亦云，管好自己，成就自己。

落实到行动上

目标方向有了以后，就要做很多准备，整合自己的资源，努力提高自己的能力和素质，把目标具体化，落实到每一步的行动上，从而实现自己的梦想。对于自己，时刻要警醒，以一个成功的标准来要求自己，保持上进心，不要太懒散，不要降低对自己的要求。

做事讲究方法

做事要讲究方法，要用最灵活的方式，最简便的途径，最少的投入，达成自己的目的，而这些的前提，就是要求我们在想问题办事情的时候，考虑周全，博闻广智，找到最好的方法。

人的伟大不在于你在做什么，而在于你想做什么。如果你期望自己成为什么样子，你就会很容易是什么样子。如果你总是期望那些更高、更好、更伟大的梦想，并且为之付出艰辛的努力，这种梦想就很容易变成现实。

主动抓住机遇

机遇有时在你毫无准备的时候来临，如果心慌意乱，则会与它失之交臂。机遇是客观的，但抢抓机遇离不开人们的主观努力。机遇对于人们是均等的，但只有善于抢抓者才能获得。消极的人在每个机会中都看到某种忧患，积极的人在每一次忧患中都看到一个机会。

美国王牌歌手惠特尼·休斯顿十来岁的时候，在她母亲——20 世纪 60

年代美国“甜美灵感”乐队创始人的严密关注下，培养出了良好的歌唱才能。惠特尼17岁那年，一次她正在为当晚与她母亲同台演出的演唱会做准备时，突然接到了她母亲打来的声音嘶哑的电话：“我的嗓子坏了，不能演唱。”听过母亲的话后，惠特尼很着急地说：“我总不能一个人上台去唱啊！”母亲却对她说：“你完全能够一个人唱，因为你很棒！”于是惠特尼第一次独自走上舞台，一唱成名，成了美国的王牌歌手。

人的一生中总是难免遇到改变自己人生的诸多意外。因意外成名的人，除了惠特尼·休斯顿之外，还有世界著名女记者克里斯蒂安娜·阿曼波尔。克里斯蒂安娜的姐姐报名参加了一个新闻培训班，可是才两个月的时间她就再也不想去接触新闻了。克里斯蒂安娜觉得姐姐这样做是一种浪费，便独自一人跑到学校去，试图讨回姐姐所交的那些学费。

校方不肯退还学费。克里斯蒂安娜心想：交了学费却不去学习，太不划算了。于是她便代替姐姐去上了这个新闻培训班。最终克里斯蒂安娜成了世界著名的女记者。克里斯蒂安娜对决定自己人生道路的这个意外解释说：“说起来这就像一次盲目的约会演变成了一场真正的恋爱。”

人们常说：假如有来生，让我再重新选择一次的话，我将如何如何。其实，在我们寻找机遇的时候，也许它就在你的身边。你之所以没有发现它，是因为我们其实常常缺乏抓住机遇的勇气。无数事实证明，积极出机遇。机遇虽然有一定的偶然性，但其背后有着客观必然性。从表面上看，机遇是等来的“运气”，而实际上它是奋斗的产物。要获得机遇，就要有执著的追求、不懈的探索和长期的积累，甚至付出沉重的代价。

机遇的形成往往是一个漫长而复杂的过程，目标越远大，越需要付出艰苦的劳动。守株待兔、坐享其成以至饱食终日、无所用心，是不可能获得机遇的。只有充分发挥能动性，精神饱满振奋，才能最大限度地发现机遇，更好地利用机遇，不断地创造机遇。

多一分积极主动，就多一分机遇。积极主动这个词最早是由著名心理学家维克托·弗兰克推介给大众的。弗兰克原本是一位受弗洛伊德心理学派影响颇深的决定论心理学家，但是，他在纳粹集中营里经历了一段凄惨的岁月后，开创出了独具一格的心理学流派。

弗兰克的父母、妻子、兄弟都死于纳粹魔掌，而他本人则在纳粹集中营里受到严刑拷打。有一天，他赤身独处于囚室之中，突然意识到了一种全新的感受。也许，正是集中营里的恶劣环境让他猛然警醒："在任何极端的环境里，人们总会拥有一种最后的自由，那就是选择自己的态度的自由。"在一个人极端痛苦无助的时候，他依然可以自行决定他的人生态度。在最为艰苦的岁月里，弗兰克选择了积极向上的态度。他没有悲观绝望，反而在脑海中设想，自己获释以后该如何站在讲台上把这一段痛苦的经历介绍给自己的学生。凭着这种积极、乐观的思维方式，他在狱中不断磨炼自己的意志，直到自己的心灵超越了牢笼的禁锢，在自由的天地里任意驰骋。

弗兰克在狱中发现的思维准则，正是我们每一个追求成功的人所必须具有的人生态度——积极主动。机遇只垂青那些懂得怎样追求它的人，要达到积极主动的境界，建议大家恪守以下原则：

拥有积极的态度

积极的人总是以不屈不挠、坚韧不拔的精神面对困难，他的成功是指日可待的。消极的人允许或期望环境控制自己，喜欢一切听别人安排，他不可能拥有控制自己命运的能力，也无法避免失败的厄运。积极的人总是使用最乐观的精神和最辉煌的经验支配、控制自己的人生；消极者则刚好相反，他们的人生总是处在过去的种种失败与困惑的阴影里。我们要做一个积极的人，有勇气改变可以改变的事情，有胸怀接受不可改变的事情，有智慧来分辨两者的不同。

远离被动的习惯

消极被动的习惯是积极行动的最大障碍，如果你从小就在消极、被动的环境下长大，你就更应该努力剔除自身所拥有的那些消极因素。不要盲目听信人言，应冷静辨析，积极求证。不要让事情找上你，应主动对事情施加影响。不要习惯性地同意或追随别人，应当学会有主见。不要说"我办不到"，应当积极去尝试。使用积极的语言下意识地训练自己。多给自己决定的权利，少推卸责任，少埋怨。

把握自己的命运

这个世界不是完全公平的。如果你因为世界不公平而放弃了自己的机会和选择，那就是你自己的责任。凡事都要想清晰，什么是自己不能改动而必须接受的，什么是自己能选择的，什么是自己必须勇敢挑战的。当你碰到不可改动的事情时，要勇敢地接受。你应该做的事是积极主动地抓住命运中你能选择、能改动、能最大化你的影响力的部分。为自己负责，不会把自己的行为归咎于环境或他人，勇敢地面对人生。

积极尝试抓住机遇

生命中随处是机遇，我们应该积极地尝试不同的事情，找到通向成功的门径。只有这样，我们才能在人生之路上邂逅更多的机遇。要随时做好准备，以免机遇来时错失良机，同时也应学会从每一个失去的机遇中吸取教训。只有敢于挑战自我，你才能充分地发掘自身的潜力。

积极地推销自己

能够积极推销自我的人更容易脱颖而出。要想把握住转瞬即逝的机会，就必须学会说服他人，向别人推销自己、展示自己的观点。一个好的自我推销策略能让自己的人生和事业锦上添花。

无论在任何情况下，积极主动的人总有选择的权利，对自己总是有一份责任感。你的内心和直觉知道自己真正想成为什么样的人。命运操纵在自己的手里，你并不是环境或他人的附庸，要相信自己可以主导事情的发生、发展。

准备面对最坏结局

电视剧《大宅门》里白二奶奶有一句话：“遇事先做坏的打算，什么样的槛都能挺过去。”我觉得这话很有道理，在处理结果感觉不是很好的事情上使用这种方式，效果确实跟白二奶奶说的一样。

当你有了接受最坏情况的思想准备之后，就有利于应对和改善可能发生的情况。或者说，当你冷静地面对可能发生的最坏情况之后，反倒有利于用积极的态度促使最坏的情况向好的方向转化。

世界女子跳伞纪录保持人雪瑞儿·史坦斯每次跳伞之前，她会预先设想各种可能的意外状况，拟定解决的办法。当状况真正发生了，她可以立即从先前模拟过的各种情况中找出解决方法，不至于慌了手脚。

“恐惧是有必要的。”史坦斯认为，恐惧的情绪可以让自己更谨慎，不至于过度乐观。关键是如何从恐惧中，察觉自己害怕的根本原因，然后消除恐惧的根源。

哈佛大学心理学教授丹尼尔·吉尔伯特说：“人们对于未来的预期或想象，往往过于夸大。我们害怕自己会失败，但事实上失败的可能性微乎其微。”干什么事，要把最坏的结局想到，这样恐惧才会减轻，并以最好的准备面对最坏的结局。

威利·卡瑞尔说过一句话：“唯有强迫自己面对最坏的情况，在精神上先接受了它之后，才会使我们处在一个有利于集中精力解决问题的地位上。”这就是卡瑞尔定律，它的内容就是：只有无畏地面对“最坏”，才能有效地改善“最坏”。

卡瑞尔年轻的时候，在纽约州的水牛钢铁公司做电器工程师。有一次需要到密苏里州的匹茨堡玻璃公司去安装一架瓦斯清洁机，以清除瓦斯燃烧时产生的杂质。这是一种全新的机器，他也是第一次安装它。

在安装过程中，卡瑞尔遇到了许多事先没有想到的情况。费了很大的功夫后机器开始运转了，然而却远远未达到预期的效果。

这种突如其来的难题让卡瑞尔寝食难安，过度的忧虑让他的胃也经常莫名其妙地疼痛。幸好他还能及时制止自己，因为他知道忧虑并不能解决任何问题。

于是卡瑞尔便琢磨出一个方法，结果非常有效。这个方法十分简单易学，每个人都可以运用它。方法分三个步骤：

第一步，卡瑞尔静下心来，仔细地分析了整个事情，找出了事件最坏的

结局是什么。答案是：公司会损失掉 20000 美元。

第二步，找到了最坏的结局之后，卡瑞尔鼓励自己在必要的时候拿出勇气去接受它。他对自己说，虽然因为这次失败，在他的工作上会出现一个污点，他也可能因此而丢掉这份工作。但即使是那样，他也有信心找到一份新的工作。至于公司，损失 20000 美元还能承担，可以把这笔账算到研究经费上，因为事实上这只是一次实验。在想通了以上的道理后，卡瑞尔突然觉得浑身一阵轻松，感受到了许多天来从不曾有过的平静。

第三步，卡瑞尔把所有的精力和时间用来着手改善最坏的结果。他想出了一些补救方法，以减少目前的损失。他做了几次实验，结果发现如果再花 5000 美元购买一些设备，就可以解决所有的问题。公司不仅不会损失 20000 美元，而且还能赚 15000 美元。后来的结果也证明了这一点。

自从这件事以后，卡瑞尔一直运用这个方法来解决工作中遇到的烦恼。从那以后他也很少会被烦恼所困，他的工作中几乎很难再有烦恼。

许多人会因为恐惧在挑战面前莫名其妙地退却，只看见问题，却看不到问题后面的机会。你只有看到事情最坏的结局，你才能承受更大的打击，而这些打击在你想方着手改善最坏的结果时，有可能不会发生。

有时候没得选择或不知道怎么选择，就做最坏的选择。要有种决绝的魄力，把事情想到最坏，事情再发展无非就是这个结局，如果真的出现这个后果又能怎样，要有勇于面对最坏结果的勇气。有时候我们做事情，畏首畏尾，不是顾虑太多，就是担心出错。如果在做之前给自己描绘一幅最惨烈的景象，然后再想应对措施，就可以无往不利。

做好迎接最坏结果的准备

电视剧《中国之命运》中，毛泽东在去重庆同蒋介石谈判的时候讲了一句话："做坏的打算，争取最好的结果。"我们每当在碰到不确定的事情，心里总会有两种猜测，一种是较好的结果，一种是较坏的结果。然后是两种不确定猜测在心里战争，直到事情最后结果出现，心才安定。在作出决定的时候就应该做好迎接最坏结果的准备，把最好的结果当成努力的目标。有些事也许不在我们可控范围之内，那么就将我们可以控制的部分，做到万无一失，那就能减少遗憾了。

努力争取不抱怨

每当遇到困难，遭受挫折时，不要埋怨命运的不公平，不羡慕别人的事事顺心，而是尽力争取，通过自己的努力取得成功。

直面生活中的挑战

生活中有各种各样的问题，有的已经解决，而有的尚未解决，还有的是不知道何时会出现。人总是一步一步地向前迈着，未来的事无法预知，面对各种问题需要理智。对于还没做的事情，总要考虑清楚，做最坏的打算，让自己明白可能会发生的结果，却不是必然的结果。对于问题的态度，是处理问题的关键。人类一直生存在挑战之中。面对挑战，逃避始终不是办法，只有直面挑战，考虑清楚，用积极的态度去应对，才更有机会战胜它。

最坏的结局不一定会出现的，事情会往好处发展，甚至超出你的预计。任何困难在经历的时候都是痛苦的，甚至是难以忍受的，但是勇敢去做，就会有转机。你要敢于面对最坏的结局，并为争取最好的结局做最大的努力。

第六章

心境平和，胜不骄而败不怨

你得意忘形了吧

一个老林工正在向年轻人传授如何伐树：“树总是朝支撑少的那一方落下，所以你如果想使树朝哪个方向落下，只要削减那一方的支撑便成了。”老林工朝双手啐口唾沫，挥起斧头，向那棵巨松砍去。

约半小时后，那棵树果然不偏不倚地倒在线上，树梢离开房子很远。年轻人恭贺他砍伐如此准确，并说：“我绝对不会忘记这次砍树心得。”他转身正要离开，突然听到老林工说：“我们运气好，没有风。记住，永远要提防风。”

世间很多的失败都源于成功时不能抑制的骄傲自满的情绪。在取得阶段性的成绩时，应避免得意忘形，而是对自己说：“我们这回运气好。”人在事业上取得成就时容易昏头昏脑，以致种下祸根。又有多少成功者能保持清醒的头脑？

1961 年 4 月 12 日，25 岁的加加林代表全人类圆满地完成了探索太空的第一次飞行。从此，这个矮个儿上尉成了全苏联人民的英雄，胸前挂满了各式勋章，走到哪里都是欢呼和盛宴，他的一言一行都成了一种时尚。从此，他常常无视法律，驾驶着国家送给他的伏尔加轿车在街道上飞驰。

有一天，他又闯红灯横穿马路时撞翻了另一辆车，车内一位老人受伤了。交警赶到现场，一眼认出了加加林，连忙向他举手行礼，并拦下一辆过路车，嘱咐司机将加加林安全送到目的地，继而将全部责任记到了那位受伤老人身上。无辜遭殃的老人也认出了加加林，竟然也赔起了笑脸。

加加林坐在车里，看着眼前发生的一切：老人的苦笑与伤势，颠倒黑白的执法者，受伤的长者因对自己的崇敬而甘愿顶罪。这一刻，唤回了加加林的英雄本色。他让司机迅速开回出事现场，在民警与老人面前说清事实，帮助老人修好了汽车，并承担了全部责任与费用。

在 2500 年前，古希腊悲剧诗人欧里庇得斯说：“上帝要谁灭亡，会先让他疯狂。”男人最容易得意忘形的是事业上的成功，女人最容易得意忘形的

是自己的脸蛋。人要有一副清醒的头脑，尤其是当自己志得意满的时候。很多人曾经辉煌过、风光过，在他们事业如日中天、生活一帆风顺的时候，他们的头脑糊涂了，于是走入了人生败局。

历史经验证明，许多伟大人物因为经历了太多的成功，被胜利冲昏了头脑，最终不可避免地陷入失败的深渊。大发明家爱迪生在晚年被无数的成就和人们的奉承所陶醉，固执地坚持用直流的方式输电，坚决反对用交流的方式输电，从而为“英雄迟暮，骄则自误”作了绝好的写照。明末农民起义领袖李自成顺应民心，屡次战胜明军，占领京城以后便不思进取，乐而忘忧，被清军击败，最终身死九宫山。

在成功的道路上，虽然遍布着荣誉与鲜花，但也充满着荆棘与陷阱。被成功与胜利冲昏头脑的人们，总以为诸事皆一帆风顺，对困难估计不足甚或视而不见，自信心高度膨胀，最容易被成功路上的陷阱吞没。

日盈则昃，月满则亏，这是自然界的现象；骄者必败，傲者必亡，这是人之常情。西楚霸王项羽百战百胜，轻用其锋，落得乌江自刎；苻坚投鞭断流，骄态毕露，终于淝水败亡。这些都是最好的例证。

增强忧患意识

戒骄戒躁，进一步增强忧患意识和危机意识。张瑞敏信奉一句名言：“战战兢兢，如履薄冰。”这是一种如同身临险境的敬畏意识。有了这种大敬畏、大忧患的意识，我们在成功的时候能清醒地看到还有很长的路要走，还有很多困难需要克服，成功的今天仅仅代表着今天，明天又必须继续前进。

养成平和心态

人生需要放眼长远，笑看成败得失，塑造平和心态。淡定，平和，不骄不躁。不因为一时的成功而沾沾自喜，故步自封，停滞不前，更不可欣喜若狂，目空一切。以平常心看待结果，以平常心看待偶然因素，以平常心收拾残局，为未来继续努力，才能超越自我，才有可能赢得更大的成功。

当胜利走来时，你是否得意忘形，迷失自我？成功或许是一剂毒药，在它面前要保持头脑清醒。越是鲜花簇拥、掌声雷鸣，成功者越需要在热闹中保持冷静，越需要迅速跳出躯壳看自己：瞧，这个人是不是正在得意忘形！

不要有赌徒心态

你有过赌博的心理体验吗？你身边的人有赌博的经历吗？赌博的人有一个显著的心理：输了还想再把输掉的赢回来，赢了还想继续赢下去，使自己的占有欲得到进一步的满足。赌徒心理，不是仅仅存在于赌徒中，人们在很多方面也经常会有赌徒心理。

生活中，每个人都或多或少具有赌徒心理。有的人只想碰运气发横财，不愿意劳动致富、创业致富，敢于孤注一掷，铤而走险，甚至不惜以生命为代价，为了达到目的，可以不择手段。

无论男女，人性中往往都有一种赌性，赌性又带有一些贪婪，赌性往往是非理性的，陷入赌局中的人大都是不理智的。人的赌博天性会驱使千百万人趋于失败，赌博的人没有永远的赢家。有些人常常给自己一个理想化的目标，不管概率多少一个劲做下去。结果是小成大错。成功不是靠赌出来的，而是有计划的一步步达到的。

史玉柱职业成长生涯的每一步似乎都充满了赌性。当年他在深圳开发M—6401桌面排版印刷系统时，身上只剩下4000元钱，他向《计算机世界》定下一个8400元的广告版面，唯一要求就是先刊广告后付钱。他的期限只有15天，前12天他都分文未进，第13天他收到了3笔汇款，总共是15820元，两个月以后他赚到了10万元。史玉柱将10万元又全部投入做广告，4个月后史玉柱成为百万富翁。

这段故事如今仍为人们津津乐道。但是想一想，要是当时15天过去史玉柱收来的钱不够付广告费呢？要是之后《计算机世界》再在报纸上向史玉柱发一个讨债声明呢？真是这样，我们大概永远也不会看到一个轰轰烈烈的史玉柱和一个赌性十足的史玉柱了。

史玉柱曾经说："我是靠赌性起来的，也是靠赌性倒下的。"他的大胆使他决定建造70层的巨人大厦，这一脱离实际的计划给他带来了严重的财务

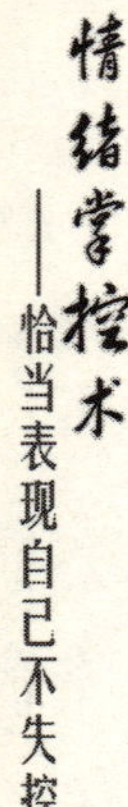

危机，资金运转不灵，出现了恶性债务，并以此为导火索，导致整个集团公司流动资金的结构失衡以至最后陷入困境，公司从此一蹶不振。

当时史玉柱没有明确的产品线和对于市场的算计，全凭感觉和运气，在“赌一把”的心态驱使下做出了错误的决策。从电脑、保健品到药品，史玉柱疯狂地投入了大部分的流动资金。更致命的问题在于，作为企业和政府的一个明星项目，巨人大厦设计方案从 18 层到最后的 72 层，事实上当时地基是按照 88 层打的，按照这样的做法，仅预算就需要 12 亿，这对于房地产投资毫无概念的史玉柱而言，完全是给自己建造了一个恐怖的资金黑洞。

客观而言，巨人大厦的过度“抽血”只是其表面原因，真正原因还在于史玉柱毫无把握却付诸行动的一些疯狂做法。这种资金有去无回，投资收益周期超出控制，是史玉柱输掉“巨人”的最大原因。

“直到‘死’那天我都没觉得大厦盖不起来，那时候还是没有头脑，缺乏清醒。”史玉柱承认当时毫无危机意识，“那时候，头脑发热，做过十几个行业，全失败了。比如当时做的脑黄金、巨能钙、治心脏病的药、我们的老本行软件、计算机硬件。”史玉柱的多元化之困恰逢巨人大厦的建设资金出现短缺，媒体曝光后买楼花的人开始集中上门挤兑，史玉柱从几亿身家变成了欠债两亿多。

1997 年下半年，史玉柱奔波之后并没能堵上巨人大厦的资金黑洞，终于一赌成恨，血本无归。此后两年多的时间，史玉柱都消失在人们的视野之外。具有强大的心理承受能力的史玉柱并没有随“巨人”一样倒下，开始反思自己的行为，并几经磨难，成功东山再起。

那些人生赌局中失败的人，有多少不是精神的强者和理性思考的弱者？人生终究有一定的轨迹，要激情，更要理智，不要赌博。做事不能冲动，因为冲动有时候会让你更快地走向失败。

培养理性做事的习惯

不要把自己的理想寄托在毫无科学根据的冒险上，你的思维不能混乱。养成理性做事习惯，注重长远，不要急于求成，罗马不是一天建成的。凡是在一段时间内把一件事情做完后不需要再重新做的，就应该一鼓作气把它完成。有些事情是需要一辈子认认真真去做的，就应该长期一点点做，每天不断地做。做事要学会思考，尽可能考虑充分，不盲目，有计划，做事靠谱。

不要有侥幸心理

侥幸心理常存于人的心里，久而久之就可能成了一种习惯性行为。许多灾难都是因为心存侥幸，忽视了小细节，遗漏了某个最基本操作而发生的。1960年10月22日，苏联进行航天发射准备，著名航天专家科罗廖夫在发射前发现运载火箭出现异常，建议推迟发射，但亲临发射现场指挥的涅杰林元帅却命令道："莫斯科正在等着我们，无论如何也要保证明天按时发射！"军令如山，不容变更，科学家们只好三缄其口，把希望寄托在"万一没事"上。次日上午，火箭发射时，发生了剧烈的爆炸，包括涅杰林元帅在内的现场百余名军人和科学家不幸罹难。心存侥幸，怀有投机心理，最终会害人害己。

勇于认错服输

赌徒有自己的一套理论，始终相信自己的预期目标会到来，这是赌徒谬论。既然是赌，不确定性很大，俗语说十赌九输。赌场上赌客常常输在嗜赌成瘾的弱点上，输在赌客的贪婪心理、不服输的心理、以及侥幸心理上。情商好的赌客，懂得赢钱时该什么时候退出，输钱时该什么时候离场。一个人必须懂得如何控制自己的情绪，失败了要能服输，尽量避免在慌忙中任意行事。做到不急躁发怒，不过度紧张，有节制，能听劝告，懂得放弃，从而留下反思错误的空间。

无论做人还是做事都要脚踏实地，不要总想着走捷径，要学会理性思考，做事严谨稳妥务实。再理智的人也会有马失前蹄的时候，百分之一的投机心理也许就会导致无法收拾的后果。

驾驭自己的心

二十年前钱荣金是一家著名食品企业的采购经理，因为有着良好的人脉关系，于是他辞职自己创业。当时他太想挣钱了，看到食品行业挣钱太慢，先后做了建材、汽配等多种行业，结果是一事无成。1993 年他又开了一个汽修厂，虽然生意尚可，但后来迫于行业竞争的压力，关门大吉。

就这样，钱荣金不断在各个行业间流浪。2003 年，他开始了装修行当。他觉得房地产在大发展，在装修行业应该能淘到很多金子。由于不了解行业内部规律，结果赔了 20 万，这 20 万是他卖了房产所得的创业资金。这一次，他无家可归了。

钱荣金经过反思，得出经验教训：干事业一定不能三心二意，任何一个行业都可能需要等待期，只有赔得起，才能赚得着。一个人不能静下来做事，经常半途而废，最终将一无所成。做事业要有长线心态，心情太急迫、轻易转行是最致命的弱点，没有在一个行业里面沉淀必然肤浅，心态一直处于投机状态，很容易失败。因此，做事需要专一。

《黄帝内经》里提到“精神内守”，是指内敛自己的精神状态，不存杂念，不存妄想，不心浮气躁，保持安宁。你要改变自己心猿意马的缺点，就要集中注意力，一次只做一件事情，做完一件了结一件，绝不拖泥带水，浅尝辄止。优秀的人对自己严格要求，成功的人善于自我管理，你要学会自律。

驾驭自己的心比驾驭烈马更难，世界上最难以控制的是自己的心。外界给予我们的诱惑太多，我们需要培养很大的力量才能在与外界作战时有胜算。要能在烦恼诱惑边缘中获胜，就要靠自制的力量和智能的约束。

我们有时对物质能控制，但对感情、利害、荣辱无法控制。我们时时需要修心，从你能控制自己的心的那一刻起，你便可以得到幸福。自制能给我们力量，从道德、修养都可感受到这股力量，它是我们战胜诱惑的主力。自制是修身立志成大事者必须具备的能力和条件。

古人云："心如平原走马，易放难收。"我们的心就像脱缰野马，到处奔窜，如何能安定下来呢？

闹时练心

古人云："静中求静未为贵，闹中取静才是真。"在喧嚣吵闹的情境中保持住本心的平静，这才是真功夫。中国人看惯了热闹，却很难享受安静。如果没有精神追求，无休止的热闹将是苍白而空洞的，任凭它多么轰轰烈烈。安静永远是内在的，是心灵与外物的默契，它体现着精神与价值的栖身之所。少年毛泽东在湖南第一师范读书时，喜欢抱着书本跑到离学校数里之遥的东门闹市，坐在那里读书。毛泽东闹中取静，磨砺自己的意志与定力，成就了他一代伟人的的风格。这是大静有所大得的最高境界，是一种超然物外的心灵升华。

静时养心

我们都有一颗虚妄的心，常在乱念中滋生迷思，造成无法弥补的后果。古人云："静念投于乱念里，乱心全入静心中。"纷乱的心回归平静时，正是摒除外物妄心拨弄、独坐观照、善护自心的时刻。怀着恬淡自在的心境，使自己的心灵得到自然的滋养，在宁静淡泊中渐渐走近人性的真正本源。这种静的境界应该是贯穿人生始终的修行，不断反思自己的内心，在纷纷扰扰的尘世中不断认识并超越自己。

闲时守心

忙碌的现代人大多羡慕出尘隐士过着逍遥自在的生活。其实悠闲时不能守住自己的心，缺乏定力，反而容易心生闷慌。古人云："山中胜有闲生活，心不闲时居更难。"我们要能适时将尘世俗务放下，人我是非放下，过往恩仇放下，困扰执著放下。因为守得住心，才能享有真正的悠闲自在。

坐时验心

一个人如果仅仅在形式上修行，尽作表面功夫而不用心修持，即使把蒲

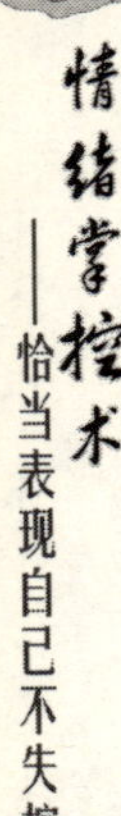

团坐破了，依然不能入道。在人生的舞台上，我们不能只做表面的功夫而忽略了内心世界的自省与修正。

言时省心

说话时要言行一致，里表如一，不昧良心，不以诽人而自益，不以损人而自誉，见贤思齐，见不贤而内省。人与人之间最大的过失就是传播是非，来说是非者，便是是非人。不说是非，修行就是这样修出来的。

动时制心

人在情绪起伏时容易感情用事，判断错误，事后招致悔悟。人心浮动，就像水面泛起阵阵涟漪，不能如实映照景物。看到别人豪宅名车，便嫌自己屋子简陋、车子破旧，甚至铤而走险，作奸犯科，让自己陷入罪恶的深渊，无法自拔。我们在动荡的情境时，要摄心保持正念，清清楚楚知道自己的心思举止，不能任凭妄心浮动，如此才能做到以静制动的境界。

古人云："无事时不教心空，有事时不教心乱。"我们要管住自己的心，保持平和心态，拒绝诱惑，不丢弃自己的方向和目标，静下心，沉下来做自己该做的事，成功就会水到渠成。

不能总是赢别人

小菁和男朋友感情非常好，可是两人经常会生气，生气的方式是先冷战，然后双方再互相攻击，总是不能好好谈，然后男友说分手，小菁说分就分。他俩经常这样，然后都是小菁长时间不理男友，男友再来认错，说不分手，说以后不吵架，可过不了多久，他们还是经常吵架。

与人相处，要学会让步和妥协。理性的让步妥协是消除应激反应、适应社会环境的一种健康的心态，更是人际关系中的一种良好的合作行为。有的人喜欢争强好胜，这种个性能够激励自己追求成功，但也会让人自负，难与他人处好关系。争胜心强的人，活得往往比较累。

美国前总统尼克松在其《领导者》一书中说：“在美国领导人中间再也找不到两个人像麦克阿瑟和杜鲁门这样彼此憎恶的。早在1945年6月，杜鲁门就在自己的记事本上写道：美国战后一个大问题是‘拿麦克阿瑟这位首席女歌星、大军官和五星先生怎么办’。他还写道：‘遗憾之至，我们不得不让这样一个自命不凡的草包坐在重要的职位上。我不明白罗斯福为何不把温赖特叫回来，让麦克阿瑟当烈士。’”

杜鲁门的话夹杂着很多私人恩怨，多有不实之处，麦克阿瑟也不是他所说的“草包”。麦克阿瑟对杜鲁门也没好感，他认为杜鲁门极易冲动，动不动就发脾气。这种相互抵触的看法决定了两个人关系只能对立，并随着时间的推移逐步表面化。

第二次世界大战结束后，杜鲁门总统尽管对麦克阿瑟印象不佳，但还是对他委以重任，让他进驻日本，麦克阿瑟实际上就成为日本的绝对统治者。麦克阿瑟对日本的政治、经济进行了大力度的改革，使日本基本上消除了军国主义和法西斯主义，走上了社会经济迅速发展的道路。就在这时，麦克阿瑟的老毛病复发了，在没有经过政府批准的情况下擅自将驻日美军削减一半。麦克阿瑟的举动极其目中无人，杜鲁门非常恼火，两个人的关系出现了空前的危机。

战争结束后，杜鲁门两次邀请麦克阿瑟回国参加庆典，都被麦克阿瑟以“日本形势复杂困难”为由回绝。如果麦克阿瑟接受邀请，回国同杜鲁门缓和一下关系，结局可能会很光明。但他没有那么做，他是一个极端自负好斗且固执的人，而且要坚持到底。

1951年4月11日，杜鲁门总统下令撤消了麦克阿瑟的一切职务。最让麦克阿瑟尴尬的是，他是在新闻广播中获悉自己被撤职的。这一消息实在太突然，麦克阿瑟没有丝毫思想准备，听到广播后面部表情一下子呆滞了。他太自负了，不把一切放在眼里，却万万没有想到自己在战场上被总统撤消了一切职务。

麦克阿瑟多年来养成的桀骜不驯、极端好斗的性格，把他推向了凄凉无助的地步。他不止一次地公然违抗上司的命令，并以此为荣。他的弱点是不会把握分寸，不懂物极必反的道理。杜鲁门对麦克阿瑟的“处理”在美国历

史上是绝无仅有的：事先没有任何暗示，没有事先的内部“通气”，直接在新闻媒体上公布。就这样，他在战场上的勇猛顽强，以及用自己出色的战略、战术拯救数以万计的官兵性命，竟然被他那自负和盛气凌人的派头一笔勾销。

后来，麦克阿瑟和艾森豪威尔一起竞选美国总统，凭麦克阿瑟的经历、战绩和在美国人心中的形象、地位，他占有很大优势。但最终人们选择了艾森豪威尔，选择了一个稳健的人物，放弃了极端自大好斗且不断引起争议的麦克阿瑟。麦克阿瑟这位指挥千军万马的五星上将，以政治流放者的结局结束了自己的命运。

赢别人不如赢自己，我们要战胜自身的弱点。好强争胜，表面上看起来是益与福，其实却是损与祸；谦虚忍让，表面上看起来是损与祸，其实却是益与福。在处理人际关系时，必须遵循的基本原则是：不伐，不争。善以不伐为大，贤以自矜为损。舜因有谦让之德，而能名扬四海，汤礼贤下士，其圣敬之德乃日益精进。在人际关系中，以柔为贵。

人不可无刚，无刚则不能自立，不能自立则不能自强，不能自强也就不能成功；人也不可无柔，无柔则不亲和，不亲和就会陷入孤立，四面楚歌，自我封闭，而拒人于千里之外。刚柔也有分寸，刚太过了，产生暴虐，便会折断；柔太过了，显得卑弱，便会靡软。刚柔并济是最佳，外柔内刚有魅力。外柔内刚是立身处事的原则，也是一种很好的平衡。

毕淑敏老师文章里讲述了一个故事：一家饭店冤枉了一位女子，明明道理在她这边，可饭店就是诬她偷拿了某个贵重的台灯，要罚她的款。大庭广众之下，众目睽睽的，非常尴尬。遇到这种事，人们常常会据理力争，大吵大闹，逼对方拿出证据，否则决不罢休。那位女子不温不火，在长达两个小时的争执中，脸上始终挂着温婉的笑容，但是在原则问题上却是丝毫不让。面对咄咄逼人的饭店侍卫的围攻，她不急不恼，连语音的分贝都没有丝毫的提高，她不曾从自己的立场上退让一分，也没有一个小动作丧失了风范，头发丝的每一次拂动都合乎礼仪。最终，那位女子赢回了自己的尊严。这就是外柔内刚的力量，收放自如的本领。

生活中，工作中，随时会有事情考验我们的智慧和情商，虽然有挫折有不愉快，但是也正是在这样的过程中，我们在成熟。外柔内刚的品格很重要，我们也应时时提醒自己往这个方向努力。

学会忍让大度

人与人之间有时难免产生一些误解和分歧，处理不当就会酿成纠纷、冲突和伤害，处理得当便能相安无事，息事宁人，重修旧好，以至化干戈为玉帛。有人觉得忍让吃亏，受气，丢面子，是懦弱的表现，双方发生矛盾时不肯相让，甚至连一点小事也要争个高低，常常由争吵到辱骂，以致拳脚相加、刀兵相见，结果两败俱伤，后悔莫及。如果双方或者一方懂得必要的忍让，就可以避免不必要的烦恼。忍得一时之气，免得百日之忧。

做到有理有节

人与人之间的相处、交往，应该互相谅解，不必要表现得那么强势，咄咄逼人，避免矛盾进一步扩大。遇到不公平待遇，不拍案而起，不与人干架，不生气不冲动，刚柔并济，把握好分寸，尽量把事情处理得有理有节。

与人相处，不要总想着赢，你也不可能总是赢。胜利会助长一个人的傲气，如果你总想赢对方，即使获胜了，那也只是空洞的胜利，因为你永远得不到对方的好感。很多时候不妨让我们的顾客、朋友、丈夫、妻子在琐碎的争论上赢过我们。

世界上的事情总是会有些说不清或不尽如人意的地方，但为了生活的微笑，你不妨学会理性的妥协，与人有了矛盾，要平心静气的商量，耐心的疏导，晓之以理，动之以情，避免正面冲突，不引起意气之争，尽可能取得共识，使问题得到解决。

不要目中无人

张华瑞在面对英国客户的谈判中表现突出，为公司创造了良好的效益，被评为先进个人，受到了经理的高度赞扬。这次谈判使张华瑞更加认识了自

己的价值，荣誉的获得、上司的赞赏，使他飘飘然起来。在日常工作中，他开始不和其他同事交往、沟通，一副自高自大、目中无人的样子，在公司里独来独往。

同事们渐渐疏远了他，都不愿意与他合作。张华瑞成了被孤立的人，有问题也没有人帮助和理睬他，他在许多事情上都陷入了极其尴尬的境地。张华瑞与同事间关系的变化以及工作中的失误，也使经理对他产生了看法，对他不满意起来。后来的一次生意，由于他判断失误给公司造成了不小的损失。同事的讥笑、经理的恼怒，使他无法再继续待下去，很不体面地自行辞职离开了公司。

石成刚也是因为目中无人尝到了苦头。石成刚在出版社编辑部里是公认的非常有才能的人，他所编辑的几套丛书为出版社带来了不小的经济效益。出版商也常常请他做选题策划，并许以丰厚的报酬。按他在办公室里的资历和能力，早应该升迁了。可是多年下来，他还只是一个编辑。

在石成刚的眼里，编辑室里多是平庸之辈，许多人都成了他评说的对象，就是社长也不放过。他目空一切，惹人反感。到考核的时候，同事中没有人说他好话，并表示他不好共事，自己不会到他所在的编辑室工作。石成刚被孤立起来。很多人谈起他都说："可惜个性太强了！"因为他的个性，他在众人眼里成了一个常和人作对的反对派，成了异类。于是，石成刚的前途也就不容乐观了。

骄傲是突出于群体的一种自以为是，也是脱离群体的一种内在毁灭，它只能载于荣誉、物质或虚荣之上，阻碍你的外界发展，阻碍你的内心宽广，造成人生大起大落。傲众被众弃，对立变孤立，当你更上一层楼时，要摆正自己的心态。

古人云：有一分谦退便有一分受益处，有一分矜张便有一分挫折来。我们要谦虚自牧，即使已经智慧圆融，也应含蓄谦虚像稻穗一样，米粒越饱满垂得越低。做到了谦，遇事就通达，就会有好的结果。

一位内地企业家去香港拜访李嘉诚。李嘉诚和儿子一起接见他，他儿子可能是说话习惯的原因，说着说着就讲起了方言，会谈过程中李嘉诚好几次要求儿子顾及内地朋友可能不太听得懂方言的实际改讲普通话。会谈结束之后，李嘉诚还特意从办公室里出来，送客人到电梯口。最让人惊叹的是，李嘉诚不是送到即走，而是毕恭毕敬地鞠躬，直到电梯合上为止。如今，那位企业家已是一家企业的总裁，他在接受电视台采访时说起了这件事，面对着电视机前的亿万观众动情地说："李嘉诚这么大年纪了，对我们晚辈如此尊重，他不成功都难。"

对于李嘉诚先生来说，他的力量就来自于超人一等的谦虚，或者说就是虚怀若谷，一种海纳百川的气度和胸襟。俗话说："目中有人助缘多。"你谦虚起来，去容纳无数别人的情感寄托和力量会聚，就会形成大海一般的宏伟力量，促使事业圆满成功，从而实现人生理想。

时时保持谦卑

谦虚谨慎，戒骄戒躁，是做人的优良品质与心态。谦虚是一种自知，是一种自省。人人都想做到，但需努力且需坚持。骄盈自满的人遭人厌恶，谦虚的人受人欢迎。天道忌盈，人事惧满，月盈则亏，履满宜慎。做人也好，经营事业也好，享受生活也好，都要掌握一个度。

学会欣赏与合作

有智慧的人懂得欣赏别人。欣赏别人是对他人的肯定、理解和尊重；欣赏别人是一种沟通，一种接纳。世界倘若彼此欣赏，就充满了温暖与生机。你在欣赏别人的时候，也不断提升和完善自我。有智慧的人善于合作，小合作有小成就，大合作有大成就，不合作就很难有什么成就。这是非常宝贵的人生道理。

肤浅的人容易骄傲，骄傲的人容易受伤。做人要放低姿态，以谦柔为怀，要声色柔和，不可夸耀自己的才华或骄傲自大。人不能离开群体而独居，以谦卑的姿态待人，能得到人人的欢喜赞叹，才是真正的成功者。

远离怨妇心理

一位被大家公认的好男人离婚了。问其原因，男人痛入骨髓地说："怨妇猛于虎啊!"他形象地比喻：犹如看夜空，他看的是满天星斗，她的眼里却是沉沉黑夜，还要对黑夜进行喋喋不休的抱怨。怨气就像锋利的双刃剑，刺得双方痛苦不堪，只好分手了断。

可以说怨妇是不幸的，这种不幸却又是她自己一手造成的。总是怨天尤人，愤世嫉俗，一定会影响家庭的和睦。一个面对生活找不到丝毫乐趣、愁容满面的女人，试想，哪个丈夫会真的喜欢？在生活中我们发现，怨妇很少是美人，即便眉眼如画，表情也是阴郁的，她看世界是从悲观出发的，仿佛整个世界都欠她的。她很少有快乐的时候，因为她对自己、对世界、对周边的人，心中充满无尽的愤恨与不满。她的眉间总是有一股无名火，似乎要随时发作。

生活中常常会遇上一些不如意的事情，有人选择默默地去接受，有人则像个怨妇，没完没了地对所遭遇的不幸进行抱怨。实际上，这些所谓的"不幸"根本就不是多么严重的事。

心理学上，专家将爱抱怨定义为一种消极心理，即"怨妇心理"。它属于情绪发泄的一种，具有怨妇心理的人，常常具有一些典型的特征：常常会找一些人把不满的情绪进行过度发泄，并且会不分时间地点地到处与人诉说，这样非但没有达到宣泄情感、令人心情愉快的目的，反而会让自己陷入更无望的负面情绪当中。

徐妍娇毕业后在市里的一家医院工作，这样的好机会并不是容易遇到的，好多人挤破了头都没能进来。医院是一块宝地，不但工资高，享受的福利也让人垂涎三尺。可是，徐妍娇恰恰是个不知足的人，看不到在医院工作的这些好处，反而对自己的工作很不满意，不是抱怨病人多，就是抱怨总要加夜班、熬夜，再不就是嫌弃医院的工作环境，除了接触病人还是病人。徐妍娇特别羡慕电视上那些所谓的“白领”，上班时可以穿着漂亮的时装，下班后挽着帅气的小伙参加各种晚会。时间长了，徐妍娇越发不喜欢自己的工作，越来越厌倦，有时候给病人扎针，总是扎不好，有很多病人投诉她，她却抱怨病人不配合自己的工作。

最近，徐妍娇所在的科室有两个到医学院进修的名额，虽然她的医术水平不高，也经常想着去医学院进修，将来成为一名医生。徐妍娇一直希望能够得到科室护士长的推荐，到后来希望还是落空了。每次回到办公室，她总是跟同事抱怨：“这么好的事情为什么总是让别人遇上呢？我哪些地方不如别人啊？我一心想成为一名医生，这样的想法难道有错吗？我不能一辈子只做一个护士啊……”大家也都拿她没办法，因为是同事每天在一起工作，说多了也不好。

回到家，徐妍娇依然跟自己的姐姐抱怨这件事。姐姐是个心直口快之人：“你现在的工作不知道有多少人羡慕呢，你不知道珍惜，连个针都扎不好，还总妄想着出去进修，你这样谁敢推荐你啊。你还是知足吧，把自己的业务做好，现在外面不知道有多少人失业，找不到工作呢！”

像徐妍娇这样的，已经属于典型“怨妇心理”的代表了。抱怨从实质上来说是一种消极而非建设性的思维，有的人往往就知道去抱怨，而不懂得用自己的眼睛去看看真实的情况。抱怨的不可取之处在于：你抱怨，就等于往自己的鞋子里面灌水，只能使行路更加艰难。生活中经常爱抱怨的人，应该及时地去调整一下自己的心态，不要总是低头抱怨，应该静下来仔细想想自己已经拥有的东西，应该反思自己的不足，学会感恩。

抱怨的人才会说生活很累，他只是看到了自己的付出，而看不到自己的所得；选择不抱怨的人，即使生活真的很累，他也不会过多地去埋怨生活，他知道失去与得到总是并存的，一味地去抱怨于事无补，严重的还会让事情越发糟糕。

不论生活是多么不如意，都不应该去抱怨，而是要靠自己的实际行动和努力来改变现状，多去看看自己已经拥有的，这样才能收获一份真正的快乐，才会发现生活的美好。摆脱怨妇心理，办法其实很简单：

坦然接受

生活中，有些东西可以改变，有些东西则是改变不了的。就如同我们无法替换自己的父母，没法改变自己的出身，无法改变天生的缺陷。既然真的无法改变，那么我们何不坦然接受呢？

量力而行

生活中，常常听到有人抱怨活得太辛苦，压力太大。其实，这往往是因为我们还没有衡量清楚自己的能力、兴趣、经验之前，便给自己在人生各个路段设下了过高的目标，这个目标不是根据个人实际情况制定的，而是和他人比较制定的，所以每天为了完成任务，不得不背着抱怨的包袱去生活，忍受辛苦和疲惫的折磨。

用心做事

一个人连自己的本职工作都做不好，还经常抱怨工作不好，这是不可取的。我们一定先要把自己该做的事情做好了，自然就会赢得同事的尊重，赢得上级领导的重视，自然好机会就会落到自己的头上。做工作的过程其实就是一种享受，从中体会自己付出过程的欢声笑语，便是一种收获。

不自寻烦恼

爱抱怨的人，往往是跟自己过不去。总认为自己这方面不好，那方面也不如他人，容易不满，产生失望心理，时间一长就会把心中积累的抱怨寻求发泄。凡事要看得开一些，不要总是为了一点小事钻进牛角尖里出不来。有时候要懂得去拿自己的长处比别人的短处，自然就会心理平衡很多，自然就会看得到自己其实已经拥有很多了，大可不必再去自寻烦恼，应该知足了。

看别人的长处

喜欢强调不公平的人，往往过高估计了自己的水平和付出。你也许确实做得不错，但别人也未必差到哪里。如果只看自己的付出，而忽视别人的长处，那么无论单位和同事怎么对自己，你也会觉得不够好和不公平。想要避免怨气伤人伤己，就要改变思维方式。你要认识到社会中一些不公平现象是客观存在的，凡事应该多看积极的一面。

抱怨并不能减少你心中的苦闷，只会消磨你的意志。抱怨太多，你只会越痛苦，越消沉。只有用最坚强的微笑，用最宽广的胸怀去容纳一切，你才能获得更多的快乐，生命也才会更加绚灿美丽。生活中的不如意也不是全无好处的，它们能让你变得更加宽容大方、更加从容淡定，让你不断完善自己的性格，让你变得更加坚韧勇敢，让你对人生的理解更加深刻透彻。

克服三分钟热度

刘诗韬毕业刚到单位的时候，脑子聪明，想法特多，整个人朝气蓬勃，充满活力，像一股旋风给沉闷的单位带来新鲜的空气。他很快就引起同事和领导的注意。过了一段时间，领导发现刘诗韬做事往往只有三分钟热度。

工作第一年，领导就给刘诗韬一项重要工作，负责一个资金多达数百万元的项目，该项目顺利与否将决定客户对单位的评价，以及以后每年几千万元的项目合同。刘诗韬不负众望，很快就写出一份令人满意的策划书和比较完整的执行方案。完美开局后，刘诗韬那股干劲儿就松懈下来了，他对日常事务漫不经心，经常在客户的多次催促下才能完成既定目标。这个项目结束后，客户选择了另一家合作伙伴。这件事情不仅断送了公司的美好“钱”景，也差点葬送了他的职业生涯。

部门经理力保了他。爱惜人才的经理觉得刘诗韬是个可塑之才，只是少不更事，需要多加历练而已。此后，他让刘诗韬参与很多项目的草拟、策划和谈判，但都不是主要负责人。刘诗韬心里也非常懊恼：为什么自己总是不能专心致志地把一件事情做完满？为什么总是出现半途而废的情况？

很多人大概都有过类似的经历：干某一件事凭着心血来潮，但是经过一段时间后没有热情了，事情就被自己遗忘在角落里。对每一件事情，好像都没有持久性，都只有三分钟热度。

做事三分钟热度的主要原因有四个：一是缺乏真正的动力，二是目标太多太笼统，三是缺乏计划，四是缺乏持之以恒的精神。在生活中，有三分钟热度的人大多都是富有热情之人，他们活泼、不木讷，对事物的感知比较敏感，也比较聪明。如果不是三分钟热度，这些优势能够持续地发挥下去，其作为将不可限量。

古人云："凭意兴作为者，随作则随止，岂是不退之车轮；从情识解悟者，有悟则有迷，终非常明之灯烛。"凭一时感情冲动和兴致去做事的人，等到热度和兴致一过事情也就跟着停顿下来，这哪里是能坚持长久奋发上进的做法呢？从情感出发去领悟真理的人，有时能领悟的地方也会有被感情所迷惑的地方，这种做法也不是一种永久光亮的明灯。

人要有激情，更要保持理性。激情要以理性为前提，只有理性的激情才能使我们做到激情而理智，火热而冷静，沸腾而清醒，使我们始终保持一种智慧状态，做到正确做事，无往不胜。那么，如何才能将三分钟热度变成长时间的热度、立定恒心做成事呢？

找到自己的使命

任何人都有自己永远不会放弃的事物，都有永远不会消退激情的事情。即使是一个经常放弃的人也有他永远充满热情的事情，一个找到使命的人，必会是个坚韧不拔的人。一个对事业有着强烈使命感的人，能十分执著地带着神圣感工作，这种人才能成为行业的翘楚。

设定合理目标

正确选择和执著追求是成功的根基。有三分钟热度的人，多是设定了不切实际的目标，然后没有坚强的毅力去克服困难。目标的不合理在于目标的理想化。理想的目标往往没有预见到达成目标的艰辛，于是当遇到困难时就形成了鲜明的心理落差，从而冻结了人的热情。从这个侧面也印证了目标合理的重要性，以及理性预见达成目标的艰辛也是重要的议题。设定目标时一定要考虑目标合理性与可行性的重要。目标可以拆分成多个容易完成的小目标，通过分解目标，一步步实现，这叫做细水长流。意志力主要强调的是能不能坚持，人的惰性给意志力打上了问号，三分钟热度的本质在于人对本性的克服，以及人的理性程度与成熟度。

锻炼责任感

时时鞭策自己要有责任心，事业和感情都是靠责任心来维持的，你就时时对自己说，我要努力，我要做一个有责任心的人。你在往你的目标走的时候，已经在锻炼你的责任感，有了责任感你就不会只有三分钟热情了。

先从小事做起

凡是做事三分钟热度的人，对自己能不能把事情做下去缺乏信心，而成败与否首先取决于有没有自信心。如果自己对自己都没有信心，谁也帮不了你。为了帮助自己树立信心，不妨从小事做起，一点一点地累积成功的经验，就会建立起自信，就会有助于克服做事三分钟热度的老毛病。

避免轻浮急躁

浮躁是人生的大敌。因为存在诱惑，难免就要动心；因为有了选择，做事就难免三心二意。浮躁是朝三暮四，浅尝辄止；浮躁是东一榔头西一棒槌，既要鱼也要熊掌，这山望着那山高，静不下心来，耐不得寂寞，稍不如意就轻易放弃，从来不肯为一件事倾尽全力。浮躁是一种冲动性、情绪性、盲动性相交织的病态社会心理，浮躁使人失去对自我的准确定位，使人随波逐流、盲目行动。克服浮躁最好的方法就是保持一颗宁静的心，要有务实精神，考虑问题应从现实出发，不能跟着感觉走，看问题要站得高、看得远，切实做一个实在的人。

接受朋友的监督

交一个有恒心的朋友，接受他的监督。你有了新奇的想法，在三分钟之内不会改变的话，不妨跟你的朋友和盘托出，争取得到他的支持，并恳请他在你降低热度的时候提醒你、鼓励你、批评你，甚至逼迫你，把应该做的事情做下去。

理性，坚持，成功，这是获得辉煌成果不可省缺的过程。人要有理性，不能感情用事，因为人容易被自己的主观情绪迷惑。我们每天都花一点点时

间问一下自己的内心：你真正想要的是什么？什么才是你人生中最主要的？你要清楚自己所做事的意义和带给自己的好处，然后用毅力坚持下去，这样你才会得到其中的乐趣。

用心·去打坏牌

人总处在一定的社会环境和自然环境中。当我们无论是维持生存还是成就事业总感到困难重重时，我们已经身在逆境中了。逆境是倾覆弱者生活之舟的波涛，又是锤炼强者钢铁意志的熔炉。

逆境考验人的意志和耐心。人常常是无从估计逆境时间的短与长，身逢逆境便消沉、无聊、无所事事，消极等待逆境消失是不明智的，消极的态度并不能丝毫改变逆境，反而会把无从挽回的光阴又搭了进去。人一旦身处逆境，山重水复疑无路，就应勇于对抗，用奋斗迎来柳暗花明又一村。

我们必须正视逆境。逆境是强者攀登高峰的垫脚石，是弱者走向毁灭的万丈深渊。在逆境面前，强者练就钢铁意志，而弱者倾覆生活之舟。不少时候，庸才制造逆境，人才扭转逆境。逆境的出现和消失，经常都是人为的。

《纽约时报》著名记者威廉·麦克劳德找第一份工作时紧张兮兮地等在办公室门外，申请材料已经送进去了。一会儿门开了，一个工作人员出来说："主任要看你的名片。"威廉没有准备名片，他灵机一动，拿出一副扑克，从中抽出一张黑桃A说："给他这个。"半个小时以后，威廉被录取了。黑桃A真是一张好牌。

人生不可能总是得到一张好牌，如果得到一张坏牌又该如何呢？艾森豪威尔总统给出了答案。艾森豪威尔曾讲述过，他的母亲是他所认识的人中最明智的人。有一天，一家人晚上玩牌，艾森豪威尔埋怨自己手气不好。母亲突然停下，告诉他，玩牌的时候要接受自己抓来的牌，生活也是这样，上帝为每个人发牌，而你只能尽自己最大努力玩好自己的牌，更要用心去打坏牌。艾森豪威尔从来没有忘记过这条教诲，并且一直遵循它。

一位动物学家对生活在非洲大草原奥兰治河两岸的羚羊群进行过研究。他发现东岸羚羊群的繁殖能力比西岸的强，奔跑速度也要比西岸的每分钟快13米。而这些羚羊的生存环境都是相同的，饲料来源也一样。于是，他在东西两岸各捉了10只羚羊，把它们送往对岸。结果，运到东岸的10只一年后繁殖到14只，运到西岸的10只剩下3只，那7只全被狼吃了。

东岸的羚羊比较健壮，因为在它们附近生活着一个狼群。没有天敌的动物往往最先灭绝，有天敌的动物则会逐步繁衍壮大。大自然中的这一现象在人类社会也同样存在。真正促使你成功的，真正激励你昂首阔步的，不是顺境和优裕，不是朋友和亲人，而是那些常常可以置你于死地的打击、挫折，甚至是死神。苦难折磨人，使人痛苦，但苦难又能磨炼人。

周杰伦自小父母离异，母亲含辛茹苦把他抚养长大。从幼年起，周杰伦就对音乐情有独钟，表现出惊人的天赋。母亲望子成龙，用多年的积蓄为他买了一架钢琴。“玩”着琴，周杰伦挖掘着潜力，慢慢集聚着自己的音乐资本。

高中毕业后，周杰伦没有考上大学，于是到餐厅当服务员。他被老板骂过，克扣过薪水。一个偶然的机会，周杰伦被台湾乐坛老大吴宗宪“相中”，进入吴的公司做音乐制片助理。其间，周杰伦不停地写歌，结果都被吴宗宪搁置一旁，有的甚至被当面扔进纸篓。

周杰伦没有泄气，继续创作，终于感动了吴宗宪，他答应找歌手唱他的歌。但是，许多歌手都不愿意唱周杰伦的歌，觉得他写的歌稀奇古怪。周杰伦仍然一如既往、默默地进行着自己的创作。

有一天，吴宗宪抛给周杰伦一个机会：10天，写50首歌，然后挑选10首，自己唱，出专辑。周杰伦废寝忘食，没日没夜，绞尽脑汁，拼命写歌。终于，他的第一张专辑问世，立即轰动歌坛。紧接着的第二张专辑《范特西》又风靡流行音乐界。随后，他成为两岸三地最受欢迎的歌手。

顺境，人之所求，却无法有求必应；逆境，人之所畏，却往往不期而遇。苦难的逆境，使庸者变得卑琐乖戾，使强者变得坚韧崇高。如果没有冬天，春天就不会显得如此可爱；如果没有逆境，顺境就不会如此令人期待。逆境是一种造就强者的人生境遇，我们要感谢逆境！

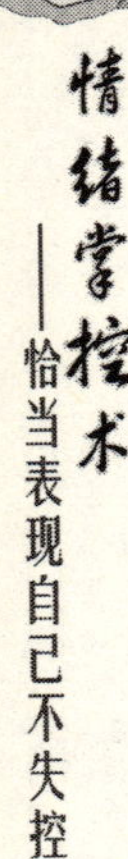

乐观地生活

在漫长的人生道路上，我们无法选择逆境与顺境，但我们可以选择不同的态度。乐观的人生态度使我们不再畏惧逆境；消极的人生态度却可以使我们一蹶不振。保持一颗平常心，顺境逆境都不灰心丧气，顺境时不得意忘形，逆境时不气馁。接受所有开心快乐和困难挫折，在顺境与逆境中都应沉着面对。轻松面对生活，生活就自然乐观。

接受磨炼

逆境是走向真理的第一道门，它能够从精神上、思想上解决成才的动力问题。在人生的道路上，我们要接受逆境的洗礼和磨炼。不堪艰难困苦的折磨，恰恰是顺境的结果，而不是逆境的原因。只要我们能克服逆境中的消极因素，逆境就能够磨炼人的意志，更有利于我们的成长和成功。

学会坚持

许多人失败是因为没有忍耐力，没有百折不回的精神。意志坚强的人有时也会碰到艰难困苦，但他不会一蹶不振，而是盯住目标，勇往直前。只要有坚强的意志，一个平凡的人也会有成功的一天。当一切都已远离、一切宣告失败时，忍耐力总可以坚守阵地，依靠忍耐力，许多困难，甚至许多原本已经失望的事情都可以起死还生。人人都停下来收手不干的事情，只有富有忍耐力的人才会继续坚持。一个人只要具有这种品质，最终总能获得很大的收益。

人生有高潮就有低谷，有得意就有失意。一生多磨难者，并非都是坏事。逆境是人生必不可少的一部分，人贵在以超越之心看待自己一时的成败得失，而不失去信念与信心，发奋努力，越挫越勇，直到取得出色的成就。

只差临门一脚

一件事情的成功与失败，虽然与客观环境有很大的关系，但决定因素还在于每个人自身。我们做事情要抱着一个坚定的信念，持之以恒地努力奋斗下去，特别是在失败后处于逆境之中更不要自暴自弃被失败压倒。一个人放弃了信心，就等于放下了手中的武器而甘认失败。

信心是相信自己的方向，相信自己的理想。自信是相信自己的能力，从而达到自己的理想。有了自信心就有了战胜困难的勇气，有了自信心才能在最佳的状态下完成常人不能完成的事业。

一个阴凉的深秋之夜，45 岁的斯科特·麦格里戈在加州的家里对着电脑工作，他抬起疲倦的眼睛向厨房望去，看见太太和 10 岁的小儿子特拉维斯正在数零钱准备去买牛奶，家里已好几天都在靠零钱支付牛奶费了。

麦格里戈走进厨房。“不能再这样下去了，明天我出去找工作。”他内疚地说道，那双布满血丝的眼睛里有着男人不能赚钱养家的悲哀。小儿子特拉维斯转过脸来说：“爸爸，你都坚持到今天了，你不能放弃。”接着又补充了一句：“你就只差临门一脚了。”麦格里戈无言地站着。

两年前，他为了实现自己的一个设想而放弃了安稳的工作。他原在一家出租手提电话公司上班，在机场与旅馆向商务旅客出租折叠式手提电话。但是那种电话机不能逐条开列帐单，有些顾客无法向公司报销。如果在话机里装块电脑晶片记录每一次的通话，这个问题就解决了。麦格里戈这样想，他知道这个主意一定能赚钱。

在家人的支持下，麦格里戈辞去了工作，开始寻找投资者。但反应冷淡，他只好自己先干起来。第二年 3 月，麦格里戈已到了山穷水尽的地步，房主来敲他的门。说星期一再不缴房租，就要把他们撵出去了，这一天已是星期五了。

随后的两天里，麦格里戈一直在打电话找投资者。终于在星期天晚上 11

点钟，有个人答应给他寄张支票。麦格里戈靠那笔钱补交了房租，还了欠款，请了一位顾问工程师。但过了不久，那位工程师说麦格里戈心目中的系统是造不出来的，麦格里戈只回答了5个字：继续努力吧。

到了5月份后，麦格里戈一家又陷入困境，麦格里戈打电话给电信巨头贝尔南方公司。一个经理问他："你能在6月24日交出原型吗？"麦格里戈看着那位说办不到的工程师与堆满工作台的不合用的零件，咬咬牙说："没问题。"他尽可能使自己的语气听上去坚定一点。

放下电话，麦格里戈叫回正在大学主修电脑学的大儿子吉瑞格，把那艰巨的挑战讲给儿子听。吉瑞格立刻投入了每天长达18个小时的工作，想造出连专家也束手无策的自动线路。这的确是个难题，他必须发明一个记录系统，把信用卡记账软件、计时软件和一个能记录电话从哪里打到哪里的系统结合起来，装进一块仅有指甲大小的晶片里。

6月23日，父子二人带着甚至未来得及试验的产品飞往亚特兰大。吉瑞格把原型电话机递给贝尔南方公司的一位经理，告诉他："试试看吧。"那位经理把信用卡插进电话机，打了个电话，电话通了。随后吉瑞格给南方电话公司递上了一张清清楚楚的打印账单。

今天，麦格里戈的"泰里马克手提电话机公司"资产超过千万美元，在同行业内名列榜首。回忆那些似乎一直注定要失败的、数着零用钱买牛奶的日子，麦格里戈得意地说："我们这个家庭受过锤炼，没有什么会轻易击倒我们。"在所有的财富中，这似乎是比百万美元更为珍贵的一笔。

"你就只差临门一脚了。""没有什么会轻易击倒我们。"父子两人的话价值千金，尤其是在你想放弃的时候更为珍贵。罗马城不是一日建成的，坚持就是胜利。恒心是达到目的地的最近通道，这样所获得的成功才能保持长久。

积极主动

意志力应用在积极向上的目标时，将会变成一种巨大的力量。主动的意志力能让你克服惰性，把注意力集中于未来。在遇到阻力时，想象自己在克服它之后的快乐；积极投身于实现自己目标的具体实践中，你就能坚持到底。

培养耐心

自信确实需要培养，培养自信的最重要前提就是要具备耐心，如果缺乏耐心就要培养耐心。没有耐心什么都做不成，更别提什么自信了。有所成就，就会伴随着自信的增长。滴水可以穿石，要通过学习培养耐心，运用耐心去等待长期积累之后可以获得的难以想象的好处与力量。

做足功课

做任何事情，提前做足了功课，想不自信都难。自信不等于自以为是，自以为是的人最终都会被现实砸烂。成事在天，谋事在人。不要理会运气，该来的时候它自然会来，重要的是专心做好功课。

持之以恒

做事情有非常重要的两点，首先是不怕失败，还要能够不断进取。做事情要想获得成功，最重要的一点是你看待失败的态度。怕失败、怕输，就永远不能成功。坚持是一个信念，坚持只有靠行动来履行。想法跟行动老不一致，成功的希望就会小。做事情是一种责任，把事情做好是对自己、他人、家人的一个承诺。

坚忍是成功的重要因素，只要把门敲得久而大声，总会把人唤醒。任何成功或进步都是一点一滴不断努力的结果，成功有时就在于能坚持到最后一分钟。现实很残酷，人生是要靠自己争取的。要努力，要奋斗，要坚持，把持之以恒的精神贯穿在你的学习、生活、工作当中。

事情没那么糟糕

吴国孙权召来画师曹不兴，让他在屏风上配画。曹不兴拿起蘸了墨汁的毛笔正准备作画，一不留神画笔点在了屏风上，雪白的素绢上立刻呈现出一个小墨点。“唉，可惜，留下一处败笔。”旁人纷纷惋惜。

曹不兴也有些惴惴不安，如果孙权发现这处败笔，一定会对他不满，说不定还会为此丢掉性命。他仔细端详了小墨点好大一阵子，才重新提起笔，两下三下，将墨点改画成了一只苍蝇，然后在周围加上了许多花草和鸟雀。

画成之后，曹不兴献给孙权观赏。屏风上的牡丹争奇斗艳，杜鹃快乐鸣啼，真是意趣盎然。这时，孙权发现有只苍蝇趴伏在牡丹上，连忙伸手将它赶走。他弹了苍蝇几下，苍蝇仍然纹丝不动。他定睛一看才知是曹不兴画上去的，苍蝇栩栩如生，为整幅屏风增添了不少情趣。

孙权不禁大为赞叹："妙！实乃神来之笔。"

人的一生，可能会有几处败笔，有些败笔也不是无法补救，事情也并非那么糟糕，也许从中能得到升华自己品性的契机。只有善待人生败笔的人，才能从中受益。有些时候，困难并不可怕，就怕你没有找到一种正确的态度来对待它。

无论我们在生活中遇上了多么令人头疼的难题，都要学会用一颗乐观的心去面对，去接受，而不是一味地沉浸在痛苦之中，不采取任何的行动，这样对于难题来说没有任何益处。冷静的思考解决问题的方法，你就会发现，所谓的难题其实并不复杂，远远没有当初想象得那么糟糕。

积极心态加正确方法

面对困难的时候，要有一种积极的心态。有了积极乐观的心态，你才会去面对困难，进而才能去思考解决问题的方法。在日后的生活中应注意多锻炼自己的心态，遇事要冷静，不要急于去下结论，任何事情都会有解决的办法。凡事要多鼓励自己往好的方面去想，不轻言放弃，有了积极的心态，即使再大的难题也会迎刃而解。

遇事分步骤、分层次解决

我们要学会把问题、困难分步骤来解决。任何复杂的一件事情，只要我们耐下心来，都会理出一定的头绪，把事情分层次、逐步地分析，这样有利于把问题简单化，有利于问题的顺利解决。

人要有不轻易认输的精神，即使遇上的事情非常糟糕，也不能一味地去惆怅、抱怨、逃避，甚至认输。此时唯一能解决问题的办法就是，去面对它，接受它，及时采取行动，这样才能让事情朝着好的方向去发展。

第七章

克己恕人，不生气也不仇恨

你气我不气

美国石油大王洛克菲勒善于运用情绪防卫术来达到自己的目的，他曾经在法庭之上漂亮地击败了一位名律师。

“洛克菲勒先生，你收到我寄给你的信了吗？”律师拿出一封信，以严肃的口气问道。

“收到了！”洛克菲勒回答。

“你回信了吗？”律师问。

洛克菲勒面带微笑，不紧不慢地回答：“没有！”

接着律师一封又一封拿出了十几封信，一一询问洛克菲勒，而洛克菲勒也以相同的声音和表情，一一给予相同的回答。

法官偏过头来问洛克菲勒：“你确定收到了吗？”

“是的！先生，我十分地确定。”洛克菲勒镇静地回答法官。

律师忍不住面红耳赤地怒吼：“你为什么不回信？你不认识我吗？”

“我当然认识你呀！”洛克菲勒依然面带着微笑地回答。

这时候律师已经控制不住自己的情绪，暴跳如雷地不断咒骂。洛克菲勒不动声色，好像对方所讲的事跟自己一点关系都没有。

最后，法官宣布洛克菲勒胜诉。律师因为情绪的失控乱了章法，法官认为该律师已无法继续再辩论下去了。

在洛克菲勒的轶事中，曾有一位不速之客突然闯入他的办公室，直奔他的写字台，并以拳头猛击台面，大发雷霆：“洛克菲勒，我恨你！我有绝对的理由恨你！”接着那暴客恣意谩骂他达几分钟之久。办公室所有的职员都感到无比气愤，以为洛克菲勒一定会拿起墨水瓶向他掷去，或是吩咐保安员将他赶出去。

出乎意料的是，洛克菲勒并没有这样做。他停下手中的工作，和善地注视着这一位攻击者，那人越暴躁，他就显得越和善！那攻击者被弄得莫名其

妙，他渐渐平息下来。一个人发怒时，若遭不到反击，他是坚持不了多久的。

攻击者是准备好了来此与洛克菲勒对抗的，并想好了洛克菲勒要怎样回击他，他再用想好的话去反驳。但是，洛克菲勒就像根本没发生任何事一样，继续他的工作。不理睬他的无礼攻击，便是给他的最严厉的迎头痛击。洛克菲勒就是不开口，所以攻击者也不知如何是好了。

最后，他又在洛克菲勒的桌子上敲了几下，仍然得不到回响，只得索然无味地离去。洛克菲勒的克制、冷静与沉着，轻易地解决了一起争端。

愤怒始于愚蠢，终于懊悔。与人辩论时要心平气和，因为狂怒会使谬误铸成大错，会使真理变成粗鲁。虽然满腔怒火，却能随机应变，引而不发；虽然受人挑衅，却能严于律己，宽以待人。能够做到这样，你就是强者，就是精神世界的英雄。

学会沉默

有时候，你被人误解，你不想争辩，所以选择沉默。本来就不是所有的人都得了解你，因此你认为不必对全世界喊话。也有时候，你被最爱的人误解，你难过到不想争辩，也只有选择沉默。全世界都可以不懂你，但他应该懂，若他竟然不能懂，还有什么话可说？不是所有的是非都能条列清楚，甚至可能根本没有真正的是与非。那么，不想说话就不说吧，在多说无益的时候也许沉默是最好的解释。

保持平静

与人发生冲突时，告诉自己要平静不生气。如果你失去控制，会让自己变得有点愚蠢。当你表现愤怒的举止时，你就会有愤怒的感觉。你表现得越愤怒，愤怒的感觉就会越浓，并且这种感觉会持续很久。如果对方无法以意志来控制自己的情绪，那么你可以用你的意志来控制你的举止。平静地看待这件事，平静地把其他该处理的事处理好。

学会弯腰

和别人发生意见上的分歧，甚至造成言语上的冲突，你会闷闷不乐，觉得都是别人恶意。别再耿耿于怀了，回家去擦地板吧。拎一块抹布，弯下腰，双膝着地，把你面前的地板的每个角落来回擦拭干净。然后重新反省自己在那场冲突中说过的每一句话。你会发现自己其实也有不对的地方，渐渐心平气和了，是不是？有时候你必须学习弯腰，这个动作可以让你谦卑。劳动身体的同时你也擦亮了自己的心绪，还拥有了光洁的地板。

别浪费了

有人在言语间刺伤了你，你不喜欢吵架，所以你离开。你只是离开了那儿，却没有离开被那人伤害的情境，因此你越想越生气。越有气，你就越没有力气去理会别的事情，许多更该用心去做去想去处理的事件，就在你漫天漫地的心烦意乱之中，被轻忽被漠视被省略了。你只是一心一意地在生气，在情绪上做文章，这是对自己的浪费，而且是很坏的浪费。毕竟，生气也是要花力气的，而且生气一定伤元气。所以，聪明如你，别让情绪控制了你，当你又要生气之前，不妨轻声地提醒自己一句："别浪费了。"

多一些理解

当我们生气时，很自然地会感到痛苦。如果明白这点，就知道当对方生气时，一定也觉得很痛苦。如果有人以暴力相向，你必须智慧地看到那个人其实正为他的暴力、愤怒而受苦。但是我们经常忘了这点，总认为自己是唯一受苦的人，而视对方为压迫自己的人。有了这种偏狭的看法，很快地就会怒火中烧而想惩罚对方。我们觉得很痛苦，而生起与对方相同的愤怒与暴力。如果我们能清楚地看到自己的痛苦与愤怒，其实与对方的痛苦、暴力并无分别，就会变得比较理智。

天下不如意事很多，如果我们有点事就大发脾气，难道对方就能得到惩罚了吗？结果只能适得其反。生气不但解决不了问题，相反会把问题搞得复杂化了。人生在世也就那么几十年，为什么非要让生气来占据自己的生活空间呢？

人争一口气

一位年轻人说："我有时候很生气，很想抽自己几个耳光，因为实在觉得自己太没用。"他可能放大了自己的卑微。有些人常常为自己的卑微而生气，有的是自怨自艾，有的是被人轻看而愤恨。这都不是正确的观念。

孟子说："知耻而后勇。"如果你感受到耻辱，你的潜意识可能会被唤醒，感受到了自己的卑微，就要想着去改变，通过奋斗改变身份，提高地位，积累财富。

吴士宏曾经是一名医护人员，后来通过自己的努力进入了 IBM 公司，做了一个普通的员工，成天端茶倒水，抹洗清扫。口袋里的薪水是她唯一安慰的理由，但现实的巨掌毫不讲情面地打破了她小小的快乐。

那次吴士宏购买办公用品回公司，门卫把衣着寒酸，推着平板车的她拒之门外，口气生硬地要她拿出外企工作证。偏偏那天她忘了带，于是就因一张薄纸片儿被晾在门口。门卫酷酷的姿态，来往人们异样的眼光，慢慢烧毁了她的自足感，耻辱与愤怒却一点点升起。

"这种日子不会久的，我不允许自己再被拦在自己的公司门口。"敏感加上好强，吴士宏从此更努力更谨慎。就在这时，她被怀疑成为偷喝别人咖啡的贼，原因是在办公室她地位最低。面对那些飞扬跋扈的白领小姐，她气得浑身发抖，不顾所谓的尊卑据理力争；风波平息了，她的内心却狂澜依旧。

吴士宏开始利用一切机会充实自我，每天最早到办公室最迟离开，将别人任意丢掉的时间都花在学习和工作上。很快她就脱颖而出，在同一批应聘者中她第一个做到了业务代表。接着吴士宏又依靠超人的实力成为第一批本土经理、第一批美国本部战略研究的人。最后，她终于圆了美梦，成为公司华南地区的总经理。

人活着就要为自己争一口气。与其总是生别人的气，不如学会自己跟自己斗一口气。起点低？我要高给自己看看。事不顺？我要顺给自己看看。要争气就得有志气，光有志气还不够，还要将它化成一股激励自己不断进取的力量。

很多人的成功来自于现实生活的刺激，在外力的作用下产生了欲望的力量。刺激越深越痛，心中激起一种强烈的愤懑、愤恨与反抗精神就会越强烈，就会做出一些超常规的行动，焕发起超常规的能力。当你感受到耻辱时，要善于利用这种自尊的力量激励、鞭策自己。

在巴西一个叫贝鲁的贫困区里，曾有一个又黑又瘦的小男孩，他很小的时候，母亲就失业了。他钻到母亲的怀里说："妈妈，你不要担心，以后我靠踢足球养活你们。"在足球的王国巴西，足球简直就是一种宗教，有多少人都在做着足球明星的梦。然而，靠踢足球能养活家人的人却是寥寥无几。可是，小男孩 14 岁的时候，就被一家足球俱乐部相中，仅仅两年后，他就成为克鲁赛罗足球俱乐部的明星，20 岁的时候，他登上了世界足球之巅。这个小男孩，就是足坛上的巨星罗纳尔多。

有一次，路透社的一名记者问他："每个人的成功都有他成功的动力，你成功的动力是什么?"罗纳尔多的表情突然凝重起来："真的，我没想那么多，就想着我一定要把足球踢好，那样，我就能靠踢足球养活我的母亲了。"

这个成功的动力真是太卑微了，许多年之后你也会成为一个功成名就的人，这时再回过头看当时人生的目标，同样也许那会是一个很卑微的目标，因为你不懈的努力，最后它却长成了一棵参天大树。

人穷志不穷

人无法选择自己的出身，但可以选择自己的归宿。你对待生命的态度，决定了你的未来。在这个世界上，没有什么是不可以改变的，只要你想改变的话。人穷并不可怕，可怕的是精神贫穷。生活尽管很不公平，甚至有时还会刁难你，但是你不能因为这些困难而放弃自己，放弃自己的尊严。只要坚持自己，总会找到出路的，追求一切美好的过程是人生珍贵的财富。

少抱怨多改变

每个人都曾生气或者抱怨过，这对解决问题有帮助吗？所以，你不要生气，停止抱怨，换个角度看问题，以积极向上的乐观态度对待生活中的一

切。在你面临无法改变客观环境和他人的时候，首先要学会改变自己。自己改变了，环境也会随着改变。世界从来不会因为某个人的抱怨而改变。社会是现实的，你应该懂得如何改变自己，适应社会。

反思自己找原因

被人看不起是很伤人心的事情，但是我们也要扪心自问：为何会被人看不起？俗话说："可怜之人必有可恨之处。"哀其不幸怒其不争的事情也常常见到。被人看不起，不要过多地去强调客观原因，别人的原因，很多时候，严格地说，应该要从我们自己身上查找原因，是不是自己的所作所为确实也很差劲。我们需要深思，注意纠正自己的问题，提高自己的素质素养，不要再让人家看不起。

人活在世上，要为自己争气。争气的实质是争志气，唯有志，才生浩气；唯含气，才精神长。即便是气，如果放的地方不一样，就会导致不同的结果。把气注入心田者，叫志气；把气播入形体者，叫血气。志气者，可塞乎天地；血气者，可气冲脑门，失去理智。所以，我们不要血气，要志气；不要生气，要争气。

别为小事发火

有些人总是喜欢生气，父母对子女，丈夫对妻子，女友对男友，上司对下属，常会因为一点小事发火，弄得彼此都很累。为了一些不重要的事争执不休，徒然浪费许多有限的生命。

有人总是喜欢无所不用其极地去伤害别人，造成别人的痛苦，而我们也总是被别人所影响。一般人的情感比较脆弱，容易生气，和别人争执也多。大部分的人属于平凡人，所以，都有生气的时候。生气是一种选择，也是一种习惯，是对挫折、被侵犯以及不合理对待的反应。若能训练自己，在生活中减少对外在环境的过度反应，也许有助于内心的平和。

1959年夏天，福尤姆在一个小客栈找到一份在柜台值夜班和给马厩添饲料的工作。每晚当班时，即将回家的老板总是不客气地告诫他："不可马虎，我会天天查的。"那时福尤姆22岁，刚从大学毕业，血气方刚，对这位从无笑容的老板大为不满。

一星期过去了，雇员们每天一顿的午餐一成不变：两片牛肉熏肠，一点泡菜和粗糙的面包卷。福尤姆越吃越没味。午餐的钱竟还是从工资中扣除的。"简直是法西斯分子！"福尤姆变得难以忍受了。

福尤姆确实被激怒了。没有发泄的对象，他只能向来接自己夜班的西格蒙德·沃尔曼大发牢骚。福尤姆宣称："总有一天，我要端一盘牛肉熏肠和泡菜去找老板，把这些东西一股脑儿朝他脸上扔去。这地方真见鬼，我要马上卷铺盖离开这里！"

福尤姆越讲火气越大，滔滔不绝地嚷嚷了近20分钟，中间还夹杂着拍桌子声和下流的骂骂咧咧。忽然他注意到西格蒙德·沃尔曼一直不动声色地坐在那儿，用他那悲伤、忧郁的眼神看着自己。

福尤姆想，他当然有充分的理由悲伤、忧郁，因为他是犹太人，奥斯威辛集中营的幸存者，瘦弱，不停的咳嗽整整伴随了他三年。他似乎特别喜欢夜晚的工作，这使他感到安静，有足够的时间和空间回忆可怕的过去。对他来说，最大的享受莫过于没有人再强迫他该干什么。在奥斯威辛，他就梦想着这个时光。

"听着，福尤姆，听我说，你知道自己错在哪里吗？不是熏肠，不是泡菜，不是老板，不是厨师，也不是这份工作。"

"我有什么不对？"福尤姆反问。

"福尤姆，你认为自己什么都懂，但你却连小小的挫折与真正的困难都分不清。假如你摔断了脖子，假如你整日填不饱肚子，假如你家的房子着火了，那才是遇到了难以对付的困难哩。任何事情都不可能尽如人意，生活本身就充满矛盾，它像大海波涛一样起伏不平。学会区分什么是小小的挫折，什么是大的困难，不为小事而发火，你就会长生不老。"

如今30年过去了，每当福尤姆面临困境，遇到挫折，想大发其火怨天尤人时，一张悲痛而又忧伤的脸就浮现在他面前并问他："福尤姆，这是难以克服的困难，还是小小的挫折？"

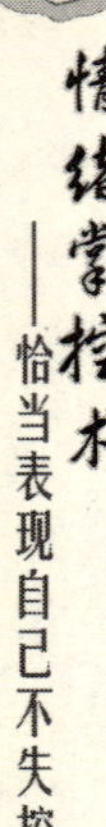

人生苦短，没有必要把精力都消耗在无聊的小事上，为生活中的种种琐事或环境而生气。能够在生气后自省或是生完气自己有所觉察的人，就已经不容易了。如果生气是一种习惯，那么不生气也是一种习惯。人总是在自省中认清自己的，并且决定自己不生气。相信自己，你能做到。

检讨以往的行为

对自己以往的行为进行一番回忆评价，看看自己过去发怒是否有道理。经过这样一回忆，你会发现自己有时候是明显的无理取闹。如果你在发怒之前能想一想发怒的对象和理由是否合适，方法是否适当，你发怒的次数就会减少90％。

把激怒的情境看淡

容易上火的人对鸡毛蒜皮的小事都很在意，别人不经意的一句话，他会耿耿于怀。过后他又会把事情尽量往坏处想，结果越想越气，终致怒气冲天。脾气不好的人喜欢自寻烦恼，没事找事，爱惹祸。当怒火中烧时，应立即放松自己，命令自己把激怒的情境看淡看轻，避免正面冲突。当怒气稍消时，对刚才的激怒情境进行客观评价，看看自己到底有没有责任，恼怒有没有必要。

学会躲避刺激

在日常的生活中，如果遇上了令你十分生气的人或事时，选择尽量地避开。俗话说“眼不见，心不烦”，出去走走，比如到附近的公园里，去看看那些天真孩子的笑脸，去闻闻那沁人的花香，这是积极地接受另一种刺激，让自己尽量不去再想那些烦心事，把视线转移一下，这样暴怒的心情自会平复很多。

主动释放怒火

当心中的怒火暂时无法平息时，找一个可以诉说的人，将胸中的这些愤怒与不平，统统地倾诉出来，一吐为快，怒气自然也会消散许多。另外的一个办法就是找到引起你愤怒的人，与之进行沟通，交换彼此的意见，但是一定要理智，平静地与对方进行交流，对事不对人，把话说开，也是一种好方法。

用意识制怒

每当遇上烦心事，预感自己即将要发怒的时候，就在心中开始默念“千万别生气”“不要发火”“忍一忍就过去了”。这样经常地进行自我开导，也能把动辄就发怒的坏脾气改一改的。

理智分析

你将要发怒时，心里快速想一下：对方的目的何在？他也许是无意中说错了话，也许是存心想激怒别人。无论哪种情况，你都不能发怒。如果是前者，发怒会使你失去一位好朋友；如果是后者，发怒正是对方所希望的，他就是要故意毁坏你的形象，你偏不能让他得逞。这样稍加分析，你就会很快控制住自己。

学会深呼吸

从生理上看，愤怒需要消耗大量的能量，你的头脑此时处于一种极度兴奋的状态，心跳加快，血液流动加速，这一切都要求有大量的氧气补充。深呼吸后，氧气的补充会使你的躯体处于一种平衡的状态，情绪会得到一定程度的控制。虽然你仍然处于兴奋状态，但你已有了一定的自控能力，数次深呼吸可使你逐渐平静下来。

愤怒使别人遭殃，但受害最大的却是自己。即使有千万个生气的理由，也最好能控制自己一下，不要发怒，因为发怒是一种错误的心理选择。凡事都要有节制，一定要尽量地学会自我约束，并且保持比较好的精神状态。人类最大的敌人就是胸中之敌，远离生气，放平心态，对任何一件事情都能放得下，这样才能达到生活的最高境界。

不要再自责了

鲁迅的小说《祝福》里，祥林嫂是个唠唠叨叨几近疯癫的女人，因为她的孩子被狼给叼走了。“我真傻，真的。我只知道雪天野兽在深山里没有食吃，会到村里来；我不知道春天也会有。”丧子使祥林嫂深陷在自责和思念之中，不能自拔。

在现实生活中，存在着这样一群人：他们会经常因为一些小事而陷入深深地自责当中。即使是犯了一个很小的错误，他也会自我检讨一番，甚至是很多年前的事情了，他们也会清晰地刻在脑海中。

“看看你自己都做了些什么！你真的是一个十足的白痴。你怎么会愚蠢到这样的地步啊？你为什么总是会把事情搞砸，为什么总这样一无是处呢？为什么就不能多考虑一些呢？你真的是一个废物了。”这是某一个人对另外一人的责骂吗？不，是郭伟在电脑突然断电后，以致将这个周即将完成的重要文件资料丢失时的自我责骂。作为一个旁观者看来，这样的自责未免过于严重了。可是实际上，自责的念头潜伏于我们每个人的意识中，在稍不如意的时候，这个丑恶的念头就会露出一副凶恶的嘴脸，对自己怒吼。

如今，郭伟已经辞掉了自己的职位，放弃了这份喜欢且坚持已久的工作。只因这样的一个小小失误，他却久久不能原谅自己。以至于很长时间过去了，他还是会经常因为回想此事而自责。这个周末，本来计划是和朋友们出去玩的，但是现在他却告诉朋友们，自己生病在家，不能去玩了。事实上，闷在家里的郭伟，真的快要“生病”了。辞职之后，他每天就是坐在家中，什么也不想干，脑子里一片空白，似有似无地想着一些关于自己未来的事情，如今，他看不到能改变现实的一丝可能，认为即使再坚持下去也是没有任何意义的。

如果我们客观地来看一下这件事情，就会发现很多并不是郭伟的错，譬如突然断电的事情，可是郭伟却用它来证明自己的无能与失败，甚至完全归罪于自己个性里不可分割的一部分——办事考虑不周。因此，我们也就能够或多或少地理解到郭伟此时此刻的那种参杂着挫折与绝望的复杂心情。对他来说，能够平静地去面对眼前的这个小失误又是多么的困难。就是因为儿时的自责变成了一种习惯，以致后来长大后却成为了一个自然而然的反应。

自责在心理学上来说，属于一种人格障碍。如果是因为个人的缺点或错误而感到一定的内疚，这是正常的现象。但是如果反应过分，甚至对一些并不严重的失误就产生很强的罪恶感，并对之念念不忘，懊恼悔恨，并要求给予惩罚，这就是心理上的自责。

自责常常会损害我们的正面自我评价，经常自责的人，性格会变得十分的敏感、忧郁，甚至沮丧。就犹如有只会说话的鹦鹉站在你的肩上，时不时地就在你的耳边唠叨着“不对、不行”，你完全可以想象这对你的自信心会产生多大的打击。

陷入这样的一种自责而无法自拔是件非常痛苦的事情，这就意味着一个人每当犯一个“无所谓”的错误时，他就要和自己做敌人，作斗争，不断地进行自我批评。当他处于这种十分激烈的内心冲突中时，就会把大部分精力都放在了自我斗争这件事情上，从此以后，更会因为害怕犯错误而缩手缩脚，不敢前进。

那么，如何才能消除这种自责心理呢？

区分事情与自身的价值

因为自己的一个小小失误，把本来应该顺利完成的事情搞砸的时候，千万不能一味地去检讨自己，而是要把事情与个人的价值分开。这件事情你没有顺利地完成，是你做得不够好。但你的出发点是好的，而且在这个过程中自己也一直在努力，希望能把它做到最好，只是出现这样的一个结果，没有达到自己预期的目标而已。只要吸取教训，一切就可以重新开始。

要允许自己犯错

在平常的工作生活中，要容许自己把一件事情做得不那么完美。我们每个人都有着不擅长的地方，此时要给自己一定的时间去尽快的熟悉并掌握。要把生命看做是一个漫长的过程，拿今天的自己去和昨天的自己比较，哪怕

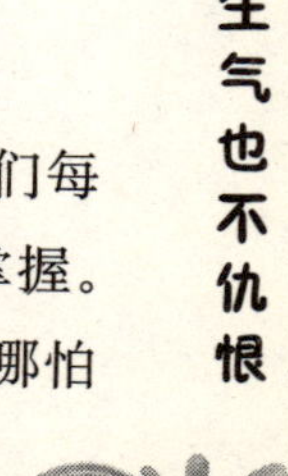

只是进步了一小点，这也算是人生路上前进的一小步，就算是一种成功。改正错误需要时间，学习也需要时间。

做自己决定的事

如果父母、上级、邻居，甚至爱人不赞成你的某些行为，你可以认为这是正常的，关键是你要对自己表示赞许。得到他人的赞许是令人愉快的，但也是无关紧要的。一旦你不再需要得到他人的赞许，就不会因自己的行为受到反对而内疚悔恨了。

停止自我强加

自责最坏的形式是自我强加。当我们认为自己违背了自己的道德标准或社会道德规范时，就会感到自责；当我们回望过去的行为，发现自己做了不明智的选择或行为时，也会产生自责和后悔的情绪。从本质上来说，我们是在为自己的行为进行自我惩罚，并企图改变过去。我们没有意识到，过去发生的一切都不可能从头再来。自我强加的自责是一种神经质行为，你必须立即停止，否则就别想树立起百分百的自信心。

给自己一个限度

当自己控制不住地责备自己、埋怨自己时，给自己一个内在对话指令。“我已经自责了 5 分钟了，我要停止这种漫无休止的自责，它并不能改变什么。”一定要学会给自己一个限度，保护自己不被伤害。

凡事都有两面性的，关键是我们要充分利用其积极的方面，而尽量少受其负面影响就是了。适当的自责可以让我们今后更好地干好我们的事情，但我们要尽量避免过度自责而陷入恶性循环之中，一切都要向前看。

低低头又何妨

在战场上，昂起头是为了维护战士的尊严；在困苦面前，昂起头是为了证明强者的无畏。在现实生活中，并不是只有昂起头才能受人尊敬，才能成就功名，学会适当的低头同样会赢得精彩的人生。

美国的富兰克林在年轻的时候，一位老前辈请他到一座低矮的小茅屋中见面。富兰克林来了，他挺起胸膛，大步流星，一进门，“砰”的一声，额头重重地撞在门框上，顿时肿了起来，疼得他哭笑不得。老前辈看到他这副样子，笑了笑说：“很疼吧。可这是你今天最大的收获。一个人要想洞察世事，练达人情，就必须时刻记住低头。”富兰克林把这次拜访当成一次悟道，他牢牢记住了老前辈的教导，把谦虚列为他一生的生活准则。

低头既是正确认识自己，也是对他人的一种尊重。什么时候都高昂着头，实际上是抬高自己，看低别人。你瞧不起别人，人家为何要瞧得起你呢？因此，你再优秀，再有名，也没有人愿意与你合作。

能够低头的人是识时务的人。现实世界中，我们有时也逃不过“屋檐”的挤压。在别人的势力范围里求得生存，不得不低头，需要用另一种方法来迎接生活。有时候，低头确实是痛苦的选择，但既然选择了低头就不要作痛苦状，当你心中充满了不服和抗争时，做起来不可避免地表现出你的不满和不情愿，这种情绪如果被对方看到，低头的效果就要大打折扣了，甚至可能招来更大的麻烦。

理性、策略的低头，是一种对客观环境的理性认知，没有丝毫的勉强，是该低头时就低头。这是具有了对世态炎凉的感知所采取的自我保护的生存策略，是知晓了这个现实世界里充斥着辩证的法则所采取的生存技巧，有时吃点儿小亏反而能占大便宜，所以中国人向来提倡以忍为上这种玄妙的处世哲学，善用之，必能给自己带来意想不到的收获。

李连杰刚进好来坞时，几乎没有人看好他。好不容易有一家电影公司肯

请他拍片，可是片酬极低，只有100万元，而且还是反面角色。李连杰犹豫了很久，最后决定答应时，对方又将片酬降为75万元。李连杰再一次犹豫，钱不算什么，关键是丢不起人，当时在东南亚市场李连杰三个字是金字招牌，但李连杰还是答应了。75万元片酬除去广告宣传、付给经纪人费用外，几乎所剩无几，李连杰说："只剩下零花钱了。"

影片上演后，各项市场调查同步进行。在各线影院，电影公司都派车拉人看电影，还请吃饭，然后每人发一张调查表。首映当晚结果就出来了。李连杰得了7.5分。全场高手云集，他得了第二高分。第二天，电影公司的老板就亲自找上门来，毕恭毕敬地对李连杰说："下一部片子请你演主角，您看怎么样?"

生活就是这样充满辩证法，你低头谦让，你妥协不争，你得到的却是获得、满足、快乐与尊重。你忍人所不能忍，大处着眼而不目光如豆，不斤斤计较，不纠缠于非原则的琐事，往往容易成就自己的事业。

低头是一种大度与包容。古人说："持身不可太皎洁，一切侮辱垢秽，要茹纳些；与人不可太分明，一切善恶贤愚，要包容得。"立身处世不可自命清高，对于一切羞辱、脏污要适应并能容忍妒忌；与人相处不可善恶分得过清，不管好人、坏人都要习惯以致包容。

王安石当宰相时，因为苏东坡与他政见不同，便借故将苏东坡降职减薪，贬官到了黄州，搞得他好不凄惨。苏东坡胸怀大度，根本不把这事放在心上，更不念旧恶。当王安石从宰相位子上下来后，两人关系反倒好了起来。苏东坡不断写信给隐居金陵的王安石，或共叙友情，或讨论学问，互相勉励，十分投机。

在人我是非之前忍耐三分，低一下头，退一步思量，往往能有海阔天空的乐观场面。生活中我们总是昂起头与人争得面红耳赤，闹得鱼死网破。这样做不仅于事无补，反倒容易适得其反，僵化了局面。低头、退让、妥协，有时是慈心满布、大肚能容的表现。忍一忍风平浪静，退一步海阔天空，这也是一种积极的人生策略。

学会妥协

肯低头的人永远不会撞到矮门。芦苇知道自己是一个弱者，所以当风来的时候芦苇就低头，即使是微弱的风，芦苇也向它们低头。而大树不管是怎么强的风都是与之抗争，到头来却是两败俱伤。这个世界时刻都存在妥协，植物要向太阳妥协，水要向石头妥协，人要向四季妥协。不向自然低头，人就会受到自然的惩罚。人际交往中真正有成就的人也时刻懂得妥协，许多有成就的人，最过人之处也是他们懂得妥协，能吸纳与自己意见相左的观点。

修炼度量

凡事包容，最有余味。待人处事，要包容大度。有时素不相识的人冒犯你，其中会另有原因，不知哪些烦心事使他此时情绪恶劣，行为失控，正巧让你赶上了，只要不是恶语伤人、侮辱人格，我们就应宽大为怀，以柔克刚，没有必要与原本与你无仇无怨的人瞪着眼睛较劲。对于别人的小过错要有宽容的精神，与其在心中还留着怨恨，倒不如把心胸放宽，让自己有更多的包容力来面对人生。

承认错误

一个巴掌拍不响，在看到他人过错的同时，也应该及时反省一下自己，看看自己在整个过程中是不是也应该承担一定的责任，只有勇于承认自己的错误，才会勇敢地低下头。遇事反求诸己，为人之常理。每个人都应该反省自己，随时修正自己的行为。一个人只有不断地反省自己、检点自己，才能诚意明心，尝试着去做，去观察自己的心，发现自己的一些问题。

生活中，我们应该试着去学习低头，用平和的心态包容一切，不与人争高下，不与人论长短，宰相肚里能撑船，懂得去谅解他人的过失，宽厚待人，即使心中不快，也能平心静气、不轻易动怒。大度一些，生活会更美好。

从内心宽恕他人

海格力斯是希腊神话中的大力士，一天，他见道路两旁有个鼓起来的袋子，于是便上前踩了一脚。谁知道，袋子非但没有被踩破，反而愈加地膨胀起来。

海格力斯被激怒了，他从没向失败低过头，岂能输给小小的袋子！于是，海格力斯随手拿起身边的粗木棒，重重地向那个袋子砸去。出乎意料的是，膨胀的袋子把路堵死了，此刻海格力斯非常纳闷。这时，一位圣者对海格力斯说："小伙子，快别动它了，你最好忘了它或是远离它。它是仇恨的袋子，如果你放手的话，它便会小如当初；如果你继续侵犯它，它会永无止境地膨胀下去，处处与你为敌。"

人生在世，人际间或群体间的摩擦、误解，乃至纠葛恩怨难免会发生，如果你总是扛着"仇恨袋"，心中装着"仇恨袋"，生活就如同负重登山、举步维艰，最后，只会堵死自己的路。心理学家将这种为人处世的方式称之为"海格力斯效应"，意在说明怨怨相报、致使仇恨越来越深的社会心理效应。

海格力斯效应会使人们陷入无休止的烦恼中，从而错过许多美丽的风景，享受不到真正的快乐，更体味不到人间的真情。在日常生活中，海格力斯效应随处可见：两人出于某种原因闹了点小矛盾，如果你想报复对方，便会加深他对你的仇恨，促使他挖空心思加害于你；反之，如果你就此罢手，大度地原谅他，兴许你们会化敌为友。

2002年，姚明首次在美国NBA赛场亮相，令人遗憾的是，他一分都没得到，向观众交了白卷。当时，美国体育脱口秀节目"TNT"正在直播，主持人在谈及姚明的表现时，巴克利轻蔑地说道："姚明就是中国的傻大个，根本就不懂得如何打球。"巴克利的话听起来有些过分，为了缓和观众的情绪，他的搭档史密斯立即反驳道："不，我很看好姚明，他是一位很有潜力的球员，也许在不久的将来他能拿到19分。"此时，巴克利立即当着观众的面说道：“如果有一天姚明能拿到19分，我就亲吻驴的屁股！”为了避免激化矛盾，史密斯立即转移了话题。

对于广大观众来讲，这可能只是一个玩笑；对于史密斯和巴克利来讲，这可能只是一个赌注；但是对于姚明而言，这是一个奇耻大辱！因为是直播节目，所以这段视频通过电波迅速传遍了全球。巴克利的狂言立即引起了轩然大波，很多人都对他口诛笔伐，中国媒体甚至一度将他称为“恶汉”。当事人姚明却选择了沉默。

事隔不久，姚明不负众望，粉碎了巴克利的预言。2002年11月18日，在美国洛杉矶火箭队客场挑战湖人队。最值得纪念的是，沉默多时的姚明终于爆发了，他在这场比赛中接连得手，在上场22分钟之内共获得20分，抢下6个篮板，并帮助主队以93分比89分战胜湖人队。此刻，有人高呼道：“让巴克利亲屁股去吧！”

巴克利只好履行自己的誓言，在众目睽睽之下，满脸尴尬地亲了一口驴屁股。为了目睹巴克利的“精彩表演”，全球数以万计的观众都早早守候在电视机前，等待观看“恶汉”巴克利的狼狈相。

很多人都认为巴克利罪有应得、恶有恶报。以常人的眼光来看，此刻，最解恨的人应该是姚明，出乎意料的是，姚明对此没有任何回应，这使得很多人都深感迷惑。当记者询问姚明的感受时，他笑着说道：“我觉得巴克利很有意思，其实，他也没有什么恶意，只是想制造点噱头罢了。”

姚明在成功之后，不但没有落井下石，反而出言为巴克利开脱。仇恨是一把双刃剑，在伤害别人的同时也伤害了自己。活在仇恨中的人，又怎么能够快乐呢？我们应该以宽容的心态处世，原谅别人的失误与错误，也许你的生命就会多出一份空间，多出一份温情。

一只蜂后飞上高山，把刚从蜂房里取出来的蜜献给天神。天神对蜂后的奉献很高兴，就答应给它所要求的任何东西。蜂后请求天神说：“请您给我一根刺，如果有人要取我的蜜，我便可以刺他。”天神很不高兴，因为他很爱人类，但因为已经有承诺在先，不便拒绝它的请求，于是天神回答蜂后说：“你可以得到刺，但那刺留在对方的创口里，你也将因为失去刺而死亡。”

每个人都有保护自己利益的权利，但如若用有毒的“刺”去伤害别人，

那么自己也会遭到报应。聪明的人在面对伤害痛苦的时候一般会选择原谅和宽容。仇恨与敌意像是一面不断增长的墙，宽容与善良则恰似不断拓宽的路。你在心底种下什么样的种子，就会有什么样的收获。

一个人如果选择了计较，他将在黑暗中度过余生；一个人选择了宽容，他能将阳光洒向大地。宽容别人就是解放自己，同时换取了心灵的纯净，又赢得了他人的尊重。那么，我们如何防止海格力斯效应的影响呢?

宽容大度懂忍耐

大肚能容，容天下难容之事；开口常笑，笑天下可笑之人。要知道，宽厚待人，是事业有成，家庭幸福之道。反之，如果我们事事斤斤较，患得患失，就会因活得很累而丝毫体会不到人生的乐趣；而宽容和忍让，是保护我们平安的“护身符”。有时受辱也是一种收获，因为忍耐是成功者必备的性格素质之一。

理性解决人际冲突

锱铢必较，以眼还眼以牙还牙，以其人之道还治其人之身，你跟我过不去我也让你不痛快。这是很多人处理矛盾、争端的惯用手段，殊不知，这种方法根本解决不了问题，反而会使自己的心灵备受捆绑，与其这样，我们莫不如理性地寻求解决方法，以换取心灵的假期。

一个人如果不从内心原谅人，就永远不会心安理得，反而是苦了自己。我们只有转怒为恕，才能得到真正的快乐。宽恕使你豁达、大度、谦让、得众，宽恕可以保护你的尊严和价值，可以帮助你营造一种和谐的人际关系，得到真诚的友谊，得到众人的扶持，从而有助于你成就事业，有利于你调整精神，给你带来快乐。

学会欣赏他人

办公室里有两个同事，一个在抱怨：“张三是伪君子，虚情假意不可信任；李四是小人，出尔反尔难打交道。”另一个则说：“张三心地善良乐于助人；李四从善如流知错能改。”同样的人、同样的事到了不同的人那里为何会有如此大的反差？一个会欣赏别人，一个只会抱怨别人。眼光不同，眼里的世界便不同。

世界上的人虽有千百种，却可以简单地分成“喜欢的人”和“不喜欢的人”。人与人之间本来就有不同的磁场，只看一眼好恶立判。有的凭经验，有的靠直觉。交集多的，初识就一见如故。交集少的，马上分辨出我们不是同路人。人常常得意自己拥有一眼把人看穿的敏锐度，其实眼光犀利和表情势利只有一线之隔，伤到别人的同时，损失最多的还是自己。在不是很了解对方的情况下，轻率地贴上“我不喜欢这个人”的标签，这种先入为主的成见像一座坚实的城墙，阻挡我们进一步认识对方，也失去向他人学习的机会。

你对他人的认知，其实就是自我反省的测量器。你对别人的感觉，真正反映出的是你对自己的感觉，跟那个人本身的关系其实并不大。你不可能真正爱一个人或恨一个人，除非那个人的行为正好反射出你对自己的爱与恨。当我们不喜欢一个人的时候，很可能就是在他身上看到自己不愿意面对的缺点。唯有心怀感恩地面对，并且透过自我反省及学习，才能在这个经验中成长。

没有什么人是值得花力气去贴上“我不喜欢这个人”的标签。外表再令人讨厌的人，其实也有可爱的一面。态度多么卑微的人，一定也有非常值得尊敬的地方。试着去发现别人“可爱的一面”和“值得尊敬的地方”，是自己的福气。从这个发现的过程中，有很多惊喜足以破除心中的成见，丰富自己心灵的视野。

每个人都有可爱的一面，等你试着用心去发现，要试着去喜欢一个你讨厌的人，的确很不简单。但至少，我们可以要求自己回归原点，从做到“不讨厌”对方开始。然后，进一步地勉励自己，说：“我一定要看看这家伙有什么好玩、可爱的地方?”相信我，当你这么想的时候，心扉就渐渐敞开了。

台湾作家林清玄去一家羊肉馆吃羊肉，见到了老板，老板对他说：“你还记得我吗?”林清玄说：“记不起来了。”老板拿来一张20年前的旧报纸，那里有一篇文章，是林清玄在一家报社当记者时写的一篇关于小偷的报道。小偷手法高超，作案上千次，次次得手，最后栽在一个反扒高手手上。林清玄在文章中感叹道：“像心思如此细密，手法如此灵巧，风格如此独特的小偷，做任何一件事情都会有成就的吧!”老板告诉他：“我，就是那个小偷，是你的这段话引导我走上了正路。”如今他开了好几家羊肉馆，成了那里颇有名气的大老板。

连小偷身上也有可欣赏的地方，连小偷也能在欣赏的引导下走上正路，我们周围还有什么人不能欣赏，不能被引导呢?

每一个人就像每一片树叶一样，长得都不一样，仔细看看，就会发现其中趣味之所在。只要愿意用心，一定可以发现别人独特而值得喜欢的一面。除非你一直闭上眼睛、关紧心门，不肯去看、去感受。了解别人，努力发现别人可爱的地方，从自己的立场来说，是一种付出。但也唯有真心付出，才会领悟别人回馈给你的，一定比你付出的还要多得多。

学会了解与欣赏

人类内心深处一直渴求被了解，正如同花朵需求阳光照射一般。友善的人际关系，其实就是从了解开始一点一滴建立起来的。有了这种认识及准备之后，我们还是可以把世界上的人分成两种：一种是“初次见面就非常喜欢、投缘的人”，另一种是“经过了解之后，才发现他原来是一个这么可爱的人!”从此，世界上就没有值得我们花力气去讨厌、去恨的人。并非坏人不存在，而是我们花时间在结交可爱的朋友上都怕不够，哪还有什么多余的心力去恨别人呢?

胸怀宽广一些

欣赏一个人，并不是奉承他，而是能从他身上发现诸多的亮点。在我们周围，不管是朋友、同事、亲人，都可以从他们身上找到我们可以借鉴的地方，他人仿佛就是自己的一面镜子，从中找到可以学习的优点，来弥补自己的不足，这样也可以发觉自己与他人的差距，从而激励自己、鞭策自己提高综合修养水平，给自己更大的生活信心和精神力量！欣赏他人，即是庄严自己。任何时候，我们都要胸怀宽广、虚怀若谷，这样我们才会更好地去用平和的眼光欣赏他人！

学会欣赏别人吧，欣赏你的同事，你和同事之间会合作得更加亲密。欣赏你的爱人，你们的爱情会更加甜蜜。欣赏你的孩子，你的孩子会取得更大的进步。学会欣赏一切你周围的人，你周围的世界就会变得更加美丽。懂得欣赏他人，有利于增进人与人之间的和谐关系。

学会以柔克刚

最近，亚楠又和老公吵架了。两人刚认识的时候，亚楠觉得丈夫的脾气不好，但独生子女多少都有些脾气，所以她并没有太在意。现在她才发现，老公的脾气太暴躁了，他事情做不对时，亚楠总喜欢说他两句，他不仅不听反而大发脾气。亚楠也控制不住自己，火气一上来便吵开了。亚楠想用强硬的方式压一压他的锐气，以免日后更嚣张。结果事与愿违，两人的矛盾越来越大。

对于脾气暴躁的人，你越是抱着以硬制硬的心态和他相处，他的暴躁脾气越会暴发。脾气暴躁的人，性格中本身就带着容易冲动的因素，当你用强硬的说话方式与其交流的时候，容易引发他的暴躁因子，进而暴躁脾气开始暴发。

脾气暴躁的人对温柔的人显得无所适从，对这类人不妨来点温柔之术，

以柔克刚。一块厚重的石头放到地面上，你用重重的铁锤去击打它，不一定会打穿它，但是一颗轻柔的水滴，长时间地坚持不懈却能将其洞穿。铁锤都不能动摇的顽石却能被一颗水滴征服，这便是柔的力量。

程薇嘉与史建平恋爱半年后发现，史建平那沾火就着的急躁脾气真让人受不了。记得有一个周末，程薇嘉和三个同事去工人体育场看羽泉演唱会，事先从网上订的票，提前几天她就告诉了史建平。可是到了周五下班前，史建平突然打来电话，叫她晚上和他一起去参加朋友的生日聚会。程薇嘉说："我已经约好跟同事去看演唱会了。"史建平的语气里满是不悦，问程薇嘉："你怎么不早告诉我呢？"程薇嘉说："我早就告诉过你了，你忘了吧？"这下史建平急了，说："你什么时候告诉过我？"

晚上 11 点多，程薇嘉兴高采烈地从工体回来，还没下出租车，就看见了守候在自己家楼下的史建平，程薇嘉赶紧和车里顺路送她回来的男同事道别。没想到史建平见到她之后又是一阵怒吼，他问："你到底和谁去看演唱会了？车里的那个男人是谁？"连解释的机会都不给程薇嘉，声音大得足以把楼上的邻居们都吵醒。程薇嘉只好静静等他吼完。

多少次，因为史建平的脾气，程薇嘉都心生去意，可想来想去，还是觉得他除了脾气坏点，优点仍是很多的，他为人正直，踏实肯干，诚实热情，善良忠厚。最后程薇嘉还是决定应对他的坏脾气，做他的恋人。史建平发火的时候程薇嘉坚决不发火，不想搞得两败俱伤。程薇嘉也不会板着脸沉默不语或冷言冷语，她不想火上浇油。她也不会哭哭啼啼声泪俱下，因为史建平不是那种会给她擦眼泪的男人，眼泪只能让他心烦。程薇嘉只是温柔耐心地沉默，史建平的脾气就像一团火，上来的时候程薇嘉就得变成一块冰，一块烧不化的冰，不能气恼不能逃跑也不能对峙，面对他所有的指责，程薇嘉都说"好"；面对他所有的不满，程薇嘉都说"对不起"，等他烧完了这团火，程薇嘉再解释。两个人恋爱一年多，程薇嘉的脾气是越来越好。对待史建平这样的恋人，她只有温柔到底了。

柔弱是万物具有生命力的表现，也是真正有力量的象征。人活着的时候筋骨是柔软的，死后则变得僵硬。万物草木生长的时候是柔脆的，死了则变得干枯坚硬。刚强的东西是属于衰亡的一类，柔弱的东西属于具有生命力的一类。最柔弱的东西里面，往往蓄积着人们看不见的巨大力量，它使最坚强的东西无法阻挡。太极拳的动作软绵绵的，但是一推手，就可以把一个大汉掀翻在地。

生活在大千世界中，我们要和各种形形色色的人打交道，避免不了会碰到脸红脖子粗的脾气暴躁的人，也避免不了碰到那些性子急的人。这类人有一个共同的特点，就是吃软不吃硬。对于吃软不吃硬的人，以柔克刚就是一个很好的方法。

有话好好说

生活及工作中会遇到与他人意见相悖的情况。如果对方脾气暴躁，你的语气稍稍硬一点，或者声音大一点，都有可能引发他的暴脾气，让你无法掌控局面，不能按照自己的意志办事。你耐心地好言好语地和他讲解，他即使感到不耐烦，甚至想要暴发脾气，也会碍于你的好态度控制一下自己，对你礼让三分。

以冷静制急躁

和脾气暴躁的人发生矛盾冲突，不仅不避风头，反而顶风而上，与其对着干，这样做不够聪明。最好的办法就是控制自己的情绪，他已经脑子发热失控了，你要控制自己，不要火上浇油，不让矛盾升级，避免激烈的争论。待他心情平静下来以后，你再与他交流，或者让别人去说。

主动沟通

沟通是人与人之间发生相互联系的最主要的形式，主动与他交流思想，袒露心迹，让他对你的志向、脾气、性格、爱好等都有比较全面的了解。这样，对加深了解、增进友谊、消除隔阂、和睦相处是大有裨益的。

总之，人的气质、性格复杂多样，即使脾气相投的人也有很大的不同。一般来说，同性情温和的人相处容易融洽，而遇到性情急躁的人就需要花费一番心机了。有时候，跟坏脾气的人相处，也是一种修炼，你可以学会冷静、忍耐。

第八章

敞开心扉，不再自闭和忧郁

别把世界关门外

吴悦萱大学毕业后从事财务工作，工作内容比较枯燥机械。她从小就不太合群，朋友极少，到现在差不多没有朋友。从毕业到现在，四年了，她一直处于找工作与换工作之间。一般都是因为她的人际关系问题，她不太合群，老板认为她没有团队精神，试用期一结束就把她炒掉了。

吴悦萱的自信与自尊受到很大的伤害。同事觉得跟她在一起很压抑、很闷，不怎么跟她说话。吴悦萱对什么都没有兴趣，除电脑以外。她喜欢与电脑有关的一切，喜欢上网下象棋。总是没什么高兴的事，很无聊，提不起情绪，年纪轻轻的却没有朝气和活力，都快忘了应该怎样笑了，成天脸上没什么表情，反应有点慢，记忆力下降。

吴悦萱想去看心理医生，但费用太贵，还有怕碰到熟人把她当精神病人。她看过一些文章可没什么用。她想通过环境来改变自己，换了多次工作。吴悦萱觉得自己很失败，感觉没什么前途，也有过自杀的想法。

其实，吴悦萱患上了轻微的自闭症。自我封闭的人将自己与外界隔绝开来，很少或根本没有社交活动，除必要的工作、学习、购物以外，大部分时间将自己关在家里，不与他人来往。自我封闭者都很孤独，没有朋友，甚至害怕社交活动，精神很压抑，对身边的环境很敏感，渐渐地远离人群，造成了自身的孤立无援。

自我封闭的心理现象在各个年龄层次都可能产生。儿童有电视幽闭症，青少年有因羞涩引起的社交恐惧心理，中年人有社交厌倦心理，老年人有因空巢（指子女成家）和配偶去世而引起的自我封闭心态。患有自闭症的人，害怕与人交往，逃避人群，即使身处人群中也显得与周围人格格不入，而且异常敏感，别人无心的话语也可能会伤害到他，而且会牢牢记在心里久久不能释怀。整个世界都被关在门外，很难对别人敞开心扉。

自闭是一种对环境不适的病态心理，对人的身心健康不利。有自闭倾向的人，要勇敢地走出第一步，大胆地对陌生人微笑，加入周围人的行列，要相信世界是美好而且充满希望的，人们也都是善良并且乐于和你交往的，并没有人觉得你是古怪不合群的，除了你自己。即使偶尔有笨拙的举动也不要怕遭到别人嘲笑，人们不会取笑真诚而善良的人。患有自闭症的人可以去心理门诊，找医生谈谈，进行自我心理调适。

信任他人

如果你对周围的人表现冷淡，这就意味着你对他人的信任感已被自我封闭的重压毁灭了，你就不会从你周围的人群中获得乐趣。你应该放松自己的心情，不妨和每次见面的人打打招呼，或者在你常去买东西的商店里和售货员聊聊，或者和刚结识的新朋友一道参加郊游。信任他人和你自己，而不要每时每刻都疑窦丛生。

走出家门

有自闭倾向的人，应该试着打开自己的心灵，积极主动地走出家门，试着去与他人接触交往。在这个过程中，提高对他人和自己的认识，不仅要了解他人，更要让他人了解自己才行。在社会的交往中去确认自己的人生价值，实现自己的人生理想，逐渐地从生活的弱者成长为生活的强者。外面的世界很精彩，只要你大胆走出来，就会发现眼前的世界真的会很不一样。

自我安慰

孩子们常常能够无忧无虑地欢笑，他们的烦恼从不闷在心里。成年人却常常会被生活中各种各样伤脑筋的事压得喘不过气来。生活中真有那么多的烦恼吗？其实，许多事并没有想像中那么严重，只是我们把它放大了而已。我们要学会对自己说“没关系”，这样我们的生活里就会常常充满开怀的笑声。

顺其自然

不要为一件事没按事先的设想进行而烦恼，不要为某一次待人接物时考虑不周而自怨自艾。如果你对每件事都精心策划以求万无一失的话，你就会不知不觉地把自己的感情紧紧封闭起来。我们应该重视生活中偶然的灵感和乐趣，快乐是人生的一个重要价值标准，有时能让自己高兴一下就行，不要整日为了一个明确目的，为解决某一项难题而奔忙。

遵从我心

如果你和你的挚友即将分手，你不必为了避免让别人看到自己的眼泪而躲到洗手间去。为了避免别人的流言而把自己身上最有价值的一部分掩饰起来，这种做法没有任何道理。生活中许许多多的事都是这样，需要遵从你的心，听取你心灵的声音。这样即使做错了事，我们也不会太难过。

精神转移

遇上不顺心的事情，压力大的时候，不妨试着暂时放开这些烦恼事，试试精神转移法。让自己去做另外的一些开心的事情，这样就可以将精力转移到其他的事情上去，以减轻心理的负担。

勇敢面对

人生不是一帆风顺的，遇上点小挫折也是难免的。因此，对待挫折要有一个正确的看待。不要因为一两次的失败就灰心丧气，要勇敢地去面对自己的人生。与人交往时，不要因为一次的失败，而否定了世界上所有的人，生活中大多数人还是十分友好与坦诚的。

不要把世界关在门外，你要走出去发现世界的美好。养成积极乐观的心态，从容面对他人对自己看法，多去一些人多的场合，多参加活动多发表自己的意见，多与他人交谈，时时以微笑待人，慢慢地增强与人交往和沟通的能力。一点一点地去改变自己，不断突破战胜自己，逐步走出心灵的自闭，走向更丰富而广阔的人生。

吹散抑郁乌云

2005年3月，中央电视台著名节目主持人崔永元突然自曝惊人内幕：早在几年前，他就已经患上了重度抑郁症，多次有过自杀的念头。他吃下了无数的药，如果换上正常人服用他的剂量，可能睡三天都醒不过来。而他靠这些药物，每天只能勉强睡上两个小时，因为患病，他不得不离开了《实话实说》。

从林肯、罗斯福、梵高、丘吉尔到海明威、玛丽莲·梦露、张国荣，都曾饱受抑郁症的折磨。没有哪种职业，种族，性别，或年龄可以对抑郁症免疫。抑郁症在全世界的发病率在10%左右，严重的抑郁症还是引发自杀的第一诱因。

1954年，55岁的海明威获得了诺贝尔文学奖，他因为身体不舒服而没能亲自去斯德哥尔摩领奖。此时，他已经病得很重，情绪出现很大波动，患上了抑郁症。

在庆祝60岁生日时，海明威在心理上产生了严重障碍。他除了对别人说自己那些浪漫的往事之外，什么也不再提及。他还经常嘲笑自己的妻子、辱骂客人。他产生了一种病态的固定观念：由于一次轻微的汽车相撞事故，他就担心自己会坐牢；尽管他在银行有足够的存款，但是他相信自己再也买不起房屋；他时常感觉到美国联邦调查局的间谍是在不断地监视和跟踪自己。

1960年，海明威完全丧失了工作能力，他在书桌前可以面对自己的手稿坐上无数个小时，而不完成任何事情。他越来越频繁地提到要自杀的想法。有时候，他久久地站在存放枪支的橱柜旁边，手里握着一支枪，通过窗户凝视着远处的山脉。海明威两次被送往明尼苏达州的海奥医院，这是美国最好的医疗中心之一。医生采用电休克疗法对他的大脑进行治疗，但没有获得丝毫成功。海明威断言，在他的房间里藏着传声器，而医生都是秘密间谍。他的精神状况仍无好转，而且显示出越来越严重的自我摧残倾向。

1961 年 7 月 2 日早晨，人们发现海明威躺在了门厅里，一支步枪就放在他的两条腿中间，血液和肌肉组织的液体飞溅到天花板上。海明威同时发射了两颗子弹，其中一颗子弹炸破了他的头颅盖。

抑郁症患者在生活处于危机阶段时，病情会迅速发展，病人会出现害怕自己突然变得衰老等在外人看来完全莫名其妙的担心。病情发展到狂躁阶段，病人会产生“大声唠叨”的病理现象。在抑郁症发展到一定的阶段时，又会出现病人选择自杀的危险。

抑郁心理是一种情绪障碍，是在个人原有性格基础上，遇到挫折后产生的一种悲观心境。在生活中，如果遇到的问题总是得不到解决，自己的亲人或家庭出现了纠纷，受到领导的批评而又无处诉说，人际关系不好，感受失落这些都是导致抑郁的重要因素。抑郁情绪严重的将会引发抑郁症，严重影响着人们的生活工作，威胁着人们的身心健康。

人的一生中有着各种令人心酸的苦难、波折，生活终究还是有着它美丽的一面，让人不断有继续生活下去的勇气与决心，千万不能让抑郁的乌云遮挡了我们生命里的色彩，应该做好应对忧郁的准备。

学会接纳和表达情绪

喜怒哀乐是人的一种自然反应，正如澎湃的大海不会拒绝潮涨潮落一样，健康的人也能坦然面对自己的情绪变化，并且通过言语诉说、身体运动等方式加以表达或转化。唯有如此，人的内分泌系统才能正常运转，情绪也才能有健康的生理基础。

时刻保持良好心态

造成心理压力的原因有很多，包括婚姻家庭、经济收入、环境卫生、生活习惯等方面的问题。能解决的，要尽快解决，解决不了的，就要及时寻找释放的途径。同时记住：人生本来就是原则与妥协交织而成的，智慧的人，最懂得在什么时候智慧地妥协或放弃，因为他们或许由此失去些什么，但获得的，却是身心的健康和快乐。

放弃化学刺激

很多人碰到不顺心的事情就喜欢喝酒、抽烟，麻醉自己。其实，这样不但解决不了问题，还会刺激肾上腺激素过度分泌、加重身体负担，从而加重罹患抑郁的可能。

量力而行

适当的工作压力有助于潜能的发挥，但压力过大，容易使人由于身心疲惫而感到无法应付，增加自己的挫败感，怀疑自己并因此而责备自己，最后陷入抑郁状态里去。所以，想要可持续地发展，我们就应量力而行、不要苛求自己。

换个角度思考

情绪与我们看问题的方式息息相关，尝试从不同的角度看问题。譬如，结束一段感情总是很伤感的，很容易让人陷入孤独无依的自怜情绪中，以致越来越绝望。但你也可以退一步想想这段感情也不是很美好，你们的个性其实并不适合。

跳有氧舞蹈

科学家发现，有氧舞蹈是摆脱轻微抑郁或其他负面情绪的最佳方式之一。不过这也要看对象，效果最大的是平常不太运动的懒人。至于每天运动的人，效果最大的时期大概是他们刚开始养成运动习惯的时期。事实上，这种人的心态变化与一般人恰恰相反，不运动时反而心情容易低潮。运动之所以能改变心情，是因为运动能改变与心情息息相关的生理状态。举例来说，沮丧时生理处于低活动状态，有氧舞蹈则可提升身体的活动量。同样的道理，焦虑是高活动状态，放松身体反而较有帮助。其作用原理都是打破沮丧或忧郁的循环，使身心处于与原来情绪极不协调的状态。

学会犒劳自己

善待自己或享受一番也是常见的抗忧郁药方，具体的方法包括泡热水

澡、吃顿美食、听音乐等。送礼物给自己尤其是女性常用的方式，大采购或只是逛逛街也很普遍。经研究发现，女性利用吃东西治疗悲伤的比率是男性的3倍，男性诉诸饮酒的比率则是女性的5倍。暴饮暴食或酗酒当然都有很大的缺点，前者会让人懊悔不已，后者有抑制中枢神经的作用，只会使人更沮丧。

抑郁是心灵的杀手，侵蚀着每一个人的心理与健康。因此，要及时走出抑郁的阴影，试着与他人加强情感的交流，试着学会打开自己紧闭的心扉，你会发现身边的朋友其实一直在你身边默默地关心你，自己并不是孤单的。要不断树立起对生活的信心和勇气，这样才能真正体会到人生是美好的。

不那么小心眼

每个人的心只有拳头般大小，心胸却不一样。有些人心胸就像是大海，豁达无边，任凭人生的潮起潮落；有些人内心极其狭小，容不得任何不利于自己的事物，喜欢与人斤斤计较，凡事喜欢与人较真儿，心眼小得像针尖。

小心眼的人是心理学上狭隘心理的典型代表，这种性格的人往往只听得好而听不得坏，面对成功的时候便欣喜若狂，一旦遇上失败就不知所措了；生活中受了一点小小的挫折或委屈便与人斤斤计较、耿耿于怀。小心眼的人在生活中不能容忍不利于自己的事情存在，极易受到外界的影响，尤其是与自己相关的某些暗示或议论，很容易引起心理内部的冲突，容易自己与自己较劲，甚至自己一个人生闷气，寝食不安。

陈惠琳在某事业单位工作多年，待遇颇丰，却没有赢来好的人缘。她在单位里，不管是遇上什么事，为了自己的一些小私利，经常与同事们斤斤计较，从来不懂得去体谅他人。同事们说她特别自私，她很少主动去帮助别人，甚至有时候别人帮她，她都会婉言拒绝，生怕别人占了她什么便宜。同事都对她敬而远之。

中秋节前夕单位发礼品的时候，正好赶上她不在，同事就帮她把礼品放

在了旁边。等她回来后发现大家已经把礼物发完了，她觉得自己比别人要少些什么，心里很是不满，虽然当场并没有说什么，但她的表情极其复杂，让人捉摸不透。

晚上下班回到家，陈惠琳就一脸的不高兴，把发的东西往厨房一扔，就进屋睡觉了。直到妈妈把晚饭做好了，进屋喊她吃饭，她还是很懒散，情绪非常低落，告诉妈妈不想吃饭了。妈妈问她怎么了，她也不愿意说，妈妈见此就没有勉强她，因为有时候问急了，她就会大发脾气，在家里大闹一场。

陈惠琳躺在床上生闷气，总觉得同事们故意不等她回来分东西，他们把好的都选走了，剩下那些不太好的就分给了自己。她躺在床上一个晚上都没睡好。一大早急急忙忙出门，也没有吃早饭，妈妈也经常拿她没办法的。妈妈以为她情绪不好，过两天就好了，可是一周过去了，她还是情绪低落、不愿说话，总是沉着脸。陈惠琳在单位几乎没有朋友，她也不知道应该如何交朋友，很孤立。

心胸狭窄、自私吝啬的性格，往往心理素质不好，抗打击能力低，情绪不稳定，无法交到知心的朋友，发展到严重的程度，就会导致自我封闭，以至于完全与外界隔绝。因为缺乏朋友间的相互关心，正常的交往需要得不到满足，导致内心的苦闷、压抑，这些人经常看不到生活的美好，对待生活从来没有什么过高的要求，或是美好的期盼。如果长期地生活在压抑、沮丧之中，就会很容易从心理上排斥他人，排斥与外界接触，久而久之就会走向自闭，进一步导致个性缺陷恶性膨胀，产生心理疾病。

狭隘心理是我们培养健全人格的大碍，要及时调整自己的心态，遇事不要总是与人斤斤计较，要学会与人为善，宽容大度，这样才能消除掉我们内心中的黑暗死角，让温暖的阳光照进那久已封闭的心灵。

克服狭隘心理，改变不良性格，可以从以下几点入手：

增强自信心

心胸狭窄的人是由于有潜意识的自卑心理和缺乏自信心所导致，关键是调整自己的心态，增强自己的自信心。只要你能做到这些，你的心胸就会开阔起来的。遇到挫折的时候，不要因一时受挫而对自己的能力产生怀疑，进而形成一种压力。你应该保持头脑清晰，勇敢面对现实，不要逃避，想办法解决问题。

保持清明开朗

在生活中，一定要让自己豁达一些，不钻牛角尖，乐观进取，把快乐带给别人，让生活中的气氛显得更加愉悦。不把人与人之间的琐事当成是非，不计较太多，时时拥有一颗轻松自在的心。

扩大交际面

独处固然有着独处的妙处，但是人毕竟是一种群体动物，只有在集体的生活中才能寻得真正的人生乐趣。在平日的时候，应该与外界多交流、多沟通，人的开放程度越大，心胸才会越宽阔。个人的交际面扩大了之后，才能去了解他人，了解自己，从自己狭隘的圈子中走出来，增长见识，开阔心胸。

增长个人知识

每个人的心胸与其个人的修养有着极其密切的关系。只有一个人学到了更多的知识，个人立足点才会高，眼界才会相应的开阔，对于生活中的小事才不会斤斤计较，而是非常理智洒脱地丢开这些琐事。心胸狭隘的人应该多读一些关于个人修养和人际交往方面的书籍，增长个人的知识，培养个人的集体精神和互助精神。

不无端猜疑

当发现自己生疑时，不要朝着有利于猜疑的方向思考，而应问自己：为什么我要这样想？理由何在？如果怀疑是错误的，还有哪几种可能发生的情况？在作出决定前，多问几个为什么是有利于冷静思索的。有些猜疑来源于相互的误解，如果是这种情况的话，就应该通过适当的方式，两人坐下来交流。通过谈心，不仅可以让各自的想法为对方了解，消除误会，而且还避免了因误解而产生的冲突。

让别人说去吧

一个人在人生旅程中，难免遭到别人的议论和流言。如果猜疑别人对自

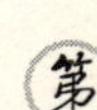

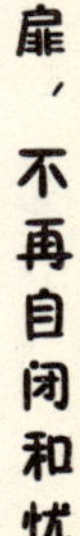

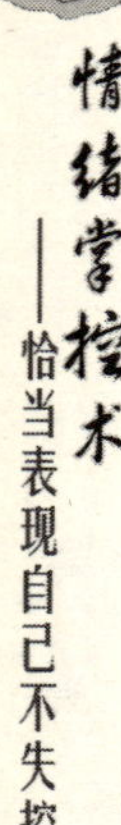

己的看法，不必放在心上，走自己的路，让别人说去吧。要善于调节自己的心情，不要在意他人的议论，该怎样做还是怎样做，这样不仅解脱了自己，而且产生的怀疑也烟消云散了。

如果一个人心里不能容物，极端自我与自私，心中只有自己，就会把自己封闭，得不到别人的喜欢。与人交往，不要怕吃亏，不能把个人利益看得太重，也要为别人想想。做一个心胸开阔的人，既能益寿延年，又能交许多好朋友。

做一个幽默的人

美国著名钢琴演奏家波奇，有一次在密西根州的福林特城演出。当他到达现场的时候却发现，到场的观众很少，甚至连音乐厅里一半的座位都没有坐满，波奇心里很不是滋味。但他并没有失望地转身离开，而是面带笑容地走到了舞台中央，面对着台下的观众说道：“我是第一次来福林特城，可是却发现这里的人真是太富有，太有钱了，你们每个人都买了两个座位的票!”说完，台下的观众都起立鼓掌，不是为他的演奏而鼓掌，而是为他那宽广的心胸而鼓掌。波奇此时的幽默比他的演奏更能打动现场的观众，更能令人折服。

幽默作为一种豁达的人生态度，它常常用一些有趣、诙谐的形式给人们传达出生活的真谛，常令人在发笑的同时陷入深思。这就是心理学上所说的“幽默效应”。懂得幽默的人不仅非常自信，而且常因此而获得好人缘，以此消除人际交往中的不利因素和危机。

幽默作为一种特殊的情绪表现，是人类适应环境的一个法宝，是人类面临困境时用以减轻精神和心理压力的妙法。生活中每一个人都应该学会幽默，幽默可以淡化人的消极情绪，消除沮丧的心情。懂得用幽默来处理生活中的烦恼与矛盾，会使绝望中的人们看到一丝希望，在和谐中感受一股舒心的快乐，在快乐中去收获生命的真谛。古今中外凡能成大事者，无一例外都是懂得笑对人生的。

在美国的历史上，林肯堪称奇迹。他出身贫贱、相貌丑陋，却迷倒了数以万计的美国民众，成为了美国历史上最伟大的总统之一。没有当总统之前的林肯，是一个极其严肃，不苟言笑的人。这一方面与他的自身性格有关，另一方面受周围沉闷环境的影响。这给林肯带来了烦恼，为了改变自身的窘境，他决定用幽默来化解心中的阴霾。为了培养自己的幽默感，林肯在每晚睡觉之前，都会看一段笑话集，一直到入主白宫之前。

时间久了之后，他把自己读到的笑话拿出来与大家分享。在他每次讲笑话的时候，眼睛里光芒四射，脸上也现出了柔和的笑容。有时会因为太搞笑，他自己就已经控制不住，手舞足蹈地大笑起来。就这样，林肯逐渐开发着自己的幽默细胞，日后终于成为了一个讲笑话的高手。

林肯的幽默里面融入了很多的智慧，不夸张，不庸俗，他甚至拿自己的丑陋做文章。有一次，林肯受邀在集会上发言，但是他想拒绝，于是就先给大家讲了一个故事：一天，在街上他遇着一个有钱人，有钱人仔细地端详他一番后，说道："先生，很对不起，你是我见过的外貌最丑陋的男人。"林肯回答说道："哦，的确如此。那先生您有什么更好的建议吗？反正我是没有办法了。"那位有钱人想了想，之后说："那你只能在家呆着了。"讲完林肯就坐下了，现场的观众先是一怔，接着就对林肯的机智应答报以热烈的掌声。

由此可见，幽默有时候不单单是一个笑话，更是一种智慧的集中体现。幽默不仅是优质生活的一个重要法宝，更是缓解压力和活跃气氛的好方式。幽默的人往往热爱生活，能积极乐观地去面对人生中的苦难，在面对失败的时候，他不会失去生活的激情，而是选择坦然一笑。因为失败从来不存在于他们心中，欢乐才是他们心中流动着的永恒旋律。

如果想要成为一个幽默之人，我们又应该如何做呢？

读书积累知识

幽默感的养成，很重要的一个基础便是宽广的知识面。幽默作为智慧的一种表现，是建立在丰富的知识面基础上的。一个幽默感十足的人，往往有着审时度势的能力，渊博的知识，这样才能有丰富的谈资，才能妙语连珠，

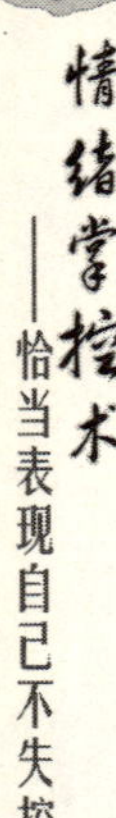

做出恰如其分的比喻。培养幽默感，首先就是要广泛地阅读，扩大自己的涉猎范围，不断地从浩如烟海的知识中撷取出智慧幽默的浪花，不断地去滋润生活之花。

不斤斤计较

幽默不仅仅是智慧的表现，也是一种宽容精神的体现。要乐观对待现实，善于体谅他人，培养自身的幽默感，就要学会宽容大度一点，不要斤斤计较，尖酸刻薄，要懂得容忍，与人为善。一个乐观向上的心境也很重要，乐观与幽默本来就是一对亲密无间的好朋友，生活中如果能多一点搞笑与轻松，多一点笑容与宽容，多一份幽默与乐观，那么我们就没有到达不了的地方。

提高洞察力

提高观察事物的能力，培养深刻的洞察力，是提高幽默的一个重要因素。在日常的生活中，只有迅速地捕捉到事物的本质，配以诙谐的语言，恰当的比喻，才能给人们带来轻松幽默的感觉。因此培养机敏能力就显得尤为重要了。

学会自嘲调侃

众多的幽默中，自嘲式的幽默无疑是最有效的方式。没有人是完美的，有时体现出自己的弱点反而让他人更具亲近感。适当拿自己的过失调侃，可以反映出自己的童心未泯，也可以让自己拥有一颗平常心，把自己从懊恼之中解脱出来。

提高表达能力

幽默妙在水到渠成，天机自露，我本无心说笑语，谁知笑语逼人来。幽默是一种能力，是一种运用幽默和幽默感来增进你与他人的关系，并改善你对自己作真诚评价的一种艺术。幽默是日常语言的巧妙组合，以深入浅出见功力。平时要锻炼自己的表达能力，懂得如何开口说话，如何让人听懂你的话。学习与人沟通的知识与技巧，提高人际交往的能力。

抓住时机表现

在交往中，你可能遇到这样的情况：别人把你拒之门外，让你无法靠近。你要学会抓住时机，在他尴尬的时候，你用幽默主动地帮其缓解一下；在他不知道如何解决问题时，你积极地帮其解决一下，并幽默地告诉他一些该注意的事项，这无疑是最好的时机。

培养自己的幽默感，还要多学习诙谐风趣的开玩笑方法，注意领会幽默的神韵并加以吸收，使自己的幽默水平不断提高。不断实践，坦率、豁达地与朋友交往，幽默感就会渐渐增强。处理问题矛盾的时候，要注意灵活性的把握，做到幽默而不落俗套，使幽默真正成为自己生活的法宝。

我们是自己人

最近，齐玉芳发现刚刚上初中的女儿有了早恋倾向。一想到早恋的害处，齐玉芳就忐忑不安。为了制止女儿的早恋倾向，她每天对着女儿唠叨不停，要求她早点回家，不能单独和男同学出去等，并给女儿制定了一个详细的作息时间表：七点从家出门，五点放学，五点半到家……没想到，她的一片苦心却遭到了女儿更加强烈的反抗，看着女儿叛逆心理越来越强，她感到无能为力。

一天，齐玉芳在书中看到了一种独特的教育方法，便开始实施起来。她不再像以前那样对着女儿唠叨不停，而是语重心长地和女儿说起了自己上学时的情景。她对女儿说："妈妈上中学的时候，不知怎么搞的，老是会想到班级中的一位男孩儿，哪怕就是上课期间，也会情不自禁地看他一眼……"

这提起了女儿的兴趣，女儿让她继续说。齐玉芳说着自己故事的同时，也指出了自己出现这种现象的原因：当时青春期性萌动的正常反应，每个人都会有这样的倾向……那天，齐玉芳让女儿第一次了解到了早恋的利与弊。

看了这个生活场景，我们不得不说齐玉芳是聪明的，她的做法也是睿智

的。为什么她在几次唠叨、制止女儿行为都没能奏效的情况下，只是实施了一个小的转变就能有效地掌控女儿，顺利地让其了解到早恋的利与弊呢？在此，不得不提到人们惯有的心理——自己人心理。

当别人企图说服你的时候，你通常会觉得对方根本就不理解你，不懂你的心情，不了解你的感受，不懂得站在你的角度看问题，所以你无法接受对方的任何建议，甚至他说了什么你也懒得去听。同样地，当你企图说服别人，给别人提建议的时候，如果你不站在别人的角度去看问题，别人也无法接受你的任何观点。如果这个时候，你能换个角度，让对方觉得你是他的“同类人”“自己人”，那么对方会感到他自己被理解，因此会改变最初的逆反、防御心理，一步步慢慢地接受你。

自己人心理的直接影响是：一旦对方把你与他归于同一类型的人，成为他眼中的自己人，那么你所说的话也便更容易获得他人的信赖，你的观点也更容易被人所接受。齐玉芳在后来的方法中，正是运用了此心理，让女儿感觉到自己和妈妈是同一境遇的人，是有着同样经历的自己人，才进一步地实现了自己最终的目的：让女儿了解到早恋的利与弊。心理学上将这种因为自己人心理产生的效应命名为“自己人效应”，其最大特点是：会拉近彼此间的关系，让对方感受到一种亲近感，进而形成一种肯定的心理定式。

对于自己人效应，生活中我们也经常会发现这样的现象：卖西瓜的摊贩会主动地切一块西瓜，让前来买西瓜的人品尝一下，不甜不要钱；商场中的糕点老板会把各种糕点切成小块，作为免费的品尝品……为什么小商贩以及老板要这样做？因为他们在让顾客品尝西瓜、糕点，以及试用商品的时候，是站在顾客的立场上说话的，他们的言行会在不知不觉中拉近彼此间的关系，让顾客产生自己人的心理，进而在接触商品的时候，更愿意作出购买商品的决定。

为什么只要被对方认定是自己人了，心理便会更容易接受自己呢？因为每个人往往都会有这样的感情倾向：在条件大致相同的情况下，自己更乐意接近与自己比较亲近的对象，而自己人正是加重这种倾向的有利因素。试想一下，一个不把你看成外人，甚至把你看成他自己圈子中的人，你们之间的感情还能不好？感情一好，还有什么事情办不成?!

创造接近性

人与人之间之所以成为朋友，接近性是其中一个强有力的要素。这里的接近性更多的是指人们生活轨迹相交的频率，心理学将其称为功能性距离。我们会发现，多数人的朋友圈子，要么是和自己在同一所学校或者同一个班级的同学，要么是和自己在同一个公司或者同一个小区的同事邻居，即使不是这些关系，你们之间也一定是有着某种交集或者关系网的人。既然接近性能拉近彼此间的关系，你便可以适当地为自己创造点接近性的机会。彼此接近了，接触的机会便多了，容易增进彼此间的相互了解以及熟悉程度，感情增加了，心理上又会更加接近。

增添相似性

如果想让对方在短时间内感受到你们是同一战线的人，关键的一点就是要和对方在态度、观点、兴趣、喜好、利益以及个性等方面具有相同或者相似之处。彼此间越相似或者越是兴趣相投，对方越容易将你看成同一类型的人。例如，两个同样喜欢打篮球的人，往往会比一个喜欢篮球和一个喜欢足球的人更愿意和对方待在一起；两个都热衷于逛街的女人，往往会比一个热衷于逛街和一个热衷于上网的女人更显得亲近。这种现象人们喜欢用“物以类聚，人以群分”去形容。事实上，从心理学的角度而言，这便是自己人效应产生的作用。在人际交往中，你可以利用与对方相同的相似性俘获人心，扩大你的交际圈，多交一些好朋友。

一般来说，在一个陌生的环境中，首先能获得你的好感的，或是对你有好感的人，必然是与你有共同点的人。比如，与你有共同爱好的人、与你有相同出生地的人、与你有相同的生活习惯的人、与你有相同经历的人。你可以在职业、籍贯、年龄、人生经历、爱好兴趣、思想观念等方面找到与别人的共同点，你们就更容易增加信任度，成为“自己人”，成为好朋友。

学会与人互悦

美国社会心理学家阿伦森与林德请了许多人，分四组来参加一项实验，其中一位实际是研究者的助手。研究者安排这名助手担当这些人的临时负责人，在每次实验的休息时间，这名助手都会到研究者的办公室向其汇报情况，其中会谈到对其他参加实验者的印象和评价。

参加实验者的休息室与研究者的办公室只有一墙之隔，虽然两人压低声音谈话，但是实验以巧妙的安排，让参加实验者每次都能清楚地听到别人怎样评价自己。具体有四种情境：

肯定——让第一组参加实验者始终得到好的评价，助手从一开始就用欣赏的语气说他们如何如何好，他如何如何喜欢他们；否定——对于第二组参加实验者，助手从始至终都对他们持否定态度；提高——对第三组参加实验者，助手前几次对他们的评价是否定的，后几次则由否定逐渐转向肯定。降低——对第四组参加实验者，助手前几次对他们评价是肯定的，后几次则从肯定逐渐转向否定。

研究者问所有参加实验者有多大程度上喜欢这个助手。让参加实验者从－10 到＋10 的量表上作答案。结果发现，喜欢程度的平均分：第一组的得分是＋6.42，第二组为＋2.52，第三组为＋7.67，第四组为＋0.87。这个实验结论是：你肯定别人，别人也喜欢你；你否定别人，别人也不喜欢你。

研究者认为，前两组的表现说明了人际吸引中的“交互性原则”，即你肯定别人，别人也喜欢你；你否定别人，别人也不喜欢你。对此，心理学家霍曼斯进一步发现和指出，人与人之间的交往本质上是一个社会交换过程。只有当一种关系对人们来说是值得的，人们之间的交往行为才会出现，人际关系才可以建立和维持。

许多研究表明，人际交往中的喜欢与厌恶，接近与疏远是相互的，一般情况下，喜欢我们的人，我们才会喜欢他们；愿意接近我们的人，我们才愿意去接近。对于疏远我们，厌恶我们的人，我们的反应也是相应的，也会疏远和厌恶他们。

赵芝薇是一个优秀的女孩，就是性格比较内向，不善于表达，在爱情上更是信奉传统观念，必须男士主动出击追求她。转眼间她快要 30 岁了，还是单身一人，父母家人都为她着急。

赵芝薇也遇到过令自己心仪的男士，她总碍于面子或者碍于女孩的矜持与羞涩，在自己心仪的男士面前不好意思开口。也有男士追求她，有感觉还不错的男士，她从不表示出任何一点喜欢对方的行动，结果对方也悄然退场了。赵芝薇对待感情的态度，制约了她爱情的发展。

喜爱引起喜爱，这是人际之间的一种自然心理规律，是心理学上的互悦机制，也称对等吸引率。如果你想要得到人们的欢迎和支持，或者让人们同意你的观点、意见，仅仅提出良好的建议是远远不够的，还必须让人们喜欢你。当自己想得到别人的喜欢，而那个人也真的喜欢自己时，你对那个人的喜欢便会更多一些。聪明的成功人士都懂得利用这个策略。

著名的推销员乔·吉拉德说过，他成功的秘诀就是让顾客喜欢他。为了博得顾客的喜欢，他经常会做一些在别人眼中看似完全没有必要的小事情。比如，在节日给每人送去一张问候的卡片，并且在卡片的内容上还有不同节日的祝福。这样做的目的很明确，就是只有别人喜欢上他了，他才能进一步地要求对方去同意他所说的或者所做的某一件事情。只有对方喜欢上他，他才能更好地卖出汽车。吉拉德正是借助于这种方式，创下连续 12 年都赢得“销售第一名”的称号。

行为会孕育同样的行为，友善孕育同样的友善，你怎样对待别人，别人就会怎样对待你，你喜欢他人，他人才能喜欢你。在人际关系中，如果你能够对别人表示出关心和爱护，别人对你也会有同样的举动。如果你能够喜欢别人，别人一般不会排斥你。

学会关注别人

一个人不关心别人，对别人不感兴趣，他的生活必然遭受较大的阻碍和困难。如果你只关心自己，就很难成为一个被人喜欢的人。要成为受人欢迎的人，必须将你的注意力从自己的身上转到别人的身上去。人性中最强烈的

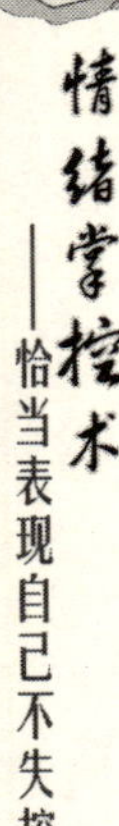

愿望便是希望得到他人的关注。如果你只是过度关心你自己，就没有时间及精力去关心别人。别人无法从你这里得到关心，当然也不会注意你。

真心换诚意

人活在世上，只要始终以一颗真诚的心去面对别人，就能够得到别人同样的回报。你的真诚，别人能够感觉出来。想得到别人的喜欢，首先你要去真诚地喜欢别人。当你真心喜欢别人时，别人才会为你付出诚意。沟通从心灵开始，以真诚之心换来信任。

多看别人的优点

缺点人人都有，但不应该被放大。不要助长自己挑剔的个性，在别人的眼里，你又让人满意了吗？寻找他人身上哪怕是微不足道的优点，有利于人际关系的和睦，有利于同事之间的团结，也有利于家庭关系的稳定和长治久安。多看别人的优点，其实就会发现每一个人原来都很不错。

友善待人

友善是道德中最大的秘密，友善就像春天的雨露，滋润万物生长；友善就像夏天的风，闷热中带来一丝清凉；友善就像秋天的果实，为融洽的世界增添一份美丽；友善就像冬天的一杯热茶，让暖暖的温馨融入心房。只有你以友善待人，别人才会友善待你。

生活是一面镜子，你面带友善走向镜子时，镜中的那个人也正满怀善意地向你微笑。现实生活中，我们都是互为欣赏的对象，精神生活里，我们又在理解中加深彼此印象。我们应该知道人无完人这个道理，被别人欣赏不易，同时能真正地欣赏别人更不易。但我们必须学会理解和尊重，因为我们的出发点从这里起步，去寻找共同点来迎合我们自己的需要。

秀好第一印象

1923年秋，冯玉祥将军担任陆军检阅使时，原配夫人不幸因病去世。很多姑娘四处托人介绍，想成为陆军检阅使夫人。冯玉祥采取当面考试的办法选择配偶，跟每一位姑娘谈话前，都要询问对方一个看似简单的问题：“你为什么和我结婚?”冯玉祥听了很多回答，都不满意。

一次，一位叫做李德全的姑娘被介绍给冯玉祥见面。当问及这个相同的问题时，李德全爽直恳切地说：“上帝怕你办坏事，派我来监督你!”冯玉祥将军心头一震，立即对这位看似平凡的姑娘刮目相看，不久便与她结为伉俪。仅凭一句个性十足的话，李德全便给冯将军留下了不俗的第一印象，为日后喜结良缘打下了基础。

第一印象真的有那么重要，能够对今后的相互交往产生难以磨灭的影响吗？是的，若第一印象形成了肯定的心理定式，会使人在后续了解中多偏向发掘对方具有美好意义的品质；相反，若第一印象形成的是否定的心理定式，则会使人在后续了解中多偏向于揭露对象令人厌恶的品质。好的开头是成功的一半，有时关键的第一印象，就能办成一件重要的事。

在新员工报到大会上，新人们在会上发言环节积极发言，有人甚至故意提出几个不明白的问题去询问，以便凸显自己对公司的关注。会议进行到一半，发言环节过去后，老板开始富有激情的讲话。此时，大家却不像先前那般积极，有的很随便地摆弄着手机，有的在交头接耳的小声说话。这时，坐在第一排的赵向东捧着本，拿着笔，边听边记录。会议结束别人散去时，老板递给赵向东一张名片，说道：“很高兴认识你。”不久，老板直接提拔赵向东做了一个设计组的小组长。赵向东能够赢得老板的好感并得到提拔，是因为他在大会上给老板留下了良好的印象。

心理学上有个首因效应，当人们第一次与某物或某人相接触时会留下深刻印象，而且作用的时间长。聪明的人经常利用首因效应为自己服务，为官

者总是很注意烧好上任之初的“三把火”，人们经常很看重给对方一个“下马威”。在人际交往的过程中，要注意第一印象的作用，设法给对方留下一个好印象。

两个素不相识的人第一次见面，内心深处总会有意或者无意产生第一感觉。这种感觉可能是友好的、善良的、和蔼可亲的；有的则是凶狠的、奸猾的、讨厌的。这些奇妙的不同的感觉往往又会影响人们日后与其交往的行为，如果你给人留下一个坏印象，那是很难纠正过来的，有时候甚至一辈子都改变不了。所以，不要小看第一次见面时的短短几分钟。

一定要微笑

微笑是一种极具感染力的交际语言，不但能很快缩短你和他人的距离，并且还能传情达意。在人际交往与沟通中，要笑得自然，笑得亲切，笑得美好。一个笑容代表什么意思，是否真诚，人的直觉都能敏锐判断出来。当你微笑时一定要真诚，真诚的微笑会让对方内心产生温暖，引起对方的共鸣，使之陶醉在欢乐之中，加深双方的友情。微笑是向对方表示一种礼节和尊重，微笑要恰到好处，比如当对方看向你的时候，你可以直视他微笑点头。对方发表意见时，一边听一边不时微笑。如果你善于运用微笑，那么将会有意想不到的效果。

主动与人打招呼

第一次见面的人，往往都是以往没有交往过的人，通常会显得陌生。这时如果你想让对方记住你，就要学会主动打招呼。当你先主动开口打招呼的时候，就等于你是以谦恭热情的态度去对待对方，对方会出于礼貌回敬你一下，这样给彼此留下了印象，进而在日后可以进一步交往。

精彩的自我介绍

自我介绍，几乎是所有见陌生人面时要做的必修课。介绍得出彩，有新意，幽默，必然会为自己赢得主动权，让对方印象深刻。对于自己印象深刻的东西，人们通常是不会忘记的，这样你也便抓住了以后能够继续交往的时机。

得体的仪表

人们买东西时，首先看到和感兴趣的是那些漂亮的商品。人的外表也是使周围人对自己感兴趣的形象代言。外表的魅力可以让你处处受欢迎。在销售界更是流行过这样一句话：成为一流销售员的基本条件，便是从仪表修饰做起。人与人接触的过程中，外表会最先与他人见面，一个人与自己初次相识时就表现得不拘小节、不识大体、不修边幅，日后你还会继续与其交往吗？仪表得体、仪容大方的人，一定会吸引你再次与之交往。所以说，得体的仪表能够为第一印象加分。

良好的礼仪

当我们对一个人进行评价时，往往首先考虑的是他有没有礼貌。礼貌是一个人气质、风度和修养的完美展现。有礼貌的人，温文儒雅，举止大方，自然真诚，没有丝毫的矫揉造作。礼貌总是在努力地美化你日常的工作，让你可以大方、体面地参加各种社交活动。礼貌能够给别人留下美好的第一印象，这比那些内在的优点甚至是更深层的修养具有更为显著的作用。礼貌加上恰当的处事方法，会使人拥有不可抗拒的力量，如果能够恰当地运用，你就能取得丰硕的成就。

倾听时有回应

与人初次交往，要做一个聆听者，留给对方说话的时间。既然选择做倾听者，就不要光听而已，应随着对方的话语频频点头，对方说到精彩处微笑回应，这些都能让人在你身上找到共鸣，有“得一知己”的感觉。切忌在对方说话时插嘴，这是社交场合的大忌。

在日常交往中，一定要注意给别人留下美好的印象。初次谋面时，一声温馨的问候，一张甜美的笑靥，一身得体的服饰，一个优雅的举动，都能给对方留下美好的第一印象，而且这种良好的印象将会持续保留下去。因此，在交友、求职、谈判等社交活动中，我们可以充分利用第一印象的效应，将自己最美好的一面展示给对方，为日后进一步的深交打下良好的基础。

活出真我本色

有一个土著部落，集会活动时必须赤身裸体地在一起。虽然为此遭到许多白眼和谩骂，他们却从没有因此而改变过自己的族规。

有一次，这个部落传染起瘟疫，许多族人染病在床。部落里的医生全部束手无策。怎么办？最后他们决定到邻近部落去请一位有名的医生。那位医生知道他们那里古怪的族规后，感到很难为情。但又无法拒绝人家三番五次的邀请，又想到医生救死扶伤的神圣职责，于是便答应了。

欢迎医生到来的那天，族人们想，好不容易把医生请来了，为了表示对他的尊重，咱们就破一次例吧！所以，那天所有的族人都穿上了西服，打上了领带，聚集在他们的会堂里。钟声响过，医生走了进来，族人们一下子都愣住了：只见年迈苍苍的医生背着沉重的医疗包，身上却一丝不挂。

人们往往为了迎合别人，结果丢掉了自己的个性，弄得自己也不认识自己了。易卜生说："人的第一天职是什么？答案很简单：做自己。"英国女作家弗吉尼亚·伍尔夫说："成为自己比什么都要紧。"在生活中，人们常常身不由己或不自觉地将自己丢失了，好像不是为自己活着，而是为别人活着，活得很累。

人存活于世间，应以本色天性面世，不被那些人情客套、礼节规矩所拘束，自然真实，保持自己的个性。我就是我，是绝对不可替代的。没有自己独特的东西，也便没有自己独立的人格。

玛莎从小就特别敏感而腼腆，她的身体一直肥胖。玛莎的母亲很古板，她认为把衣服弄得漂亮是一件很愚蠢的事情，她总是对玛莎说："宽衣好穿，窄衣易破。"玛莎从来不和其他的孩子一起做室外活动，甚至不上体育课。她非常害羞，觉得自己和其他人都"不一样"，完全不讨人喜欢。

长大之后，玛莎嫁给一个比她大好几岁的男人，可是她并没有改变。她丈夫一家人都很好，玛莎尽最大的努力要像他们一样，可是她做不到。他们为了使玛莎开朗而做的每一件事情，都只会令她更退缩到她的壳里去。

玛莎变得紧张不安，躲开了所有的朋友，情形坏到她甚至怕听到门铃响。玛莎知道自己是一个失败者，又怕她的丈夫会发现这一点。每次他们出现在公共场合的时候，她假装很开心，结果常常做得太过分。事后，玛莎会为此难过好几天。最后不开心到严重的程度，觉得再活下去也没有什么意义了，想自杀。

有一天，婆婆正在谈她怎么教养她的几个孩子。婆婆说："不管事情怎么样，我总会要求他们保持本色！"一刹那之间，玛莎才发现自己那么苦恼，就是因为她一直在试着让自己适合于一个并不适合自己的模式。正是婆婆随口说的一句话，改变了玛莎的整个生活。

玛莎后来回忆道："在一夜之间我整个改变了。我开始保持本色。我试着研究我自己的个性，自己的优点，尽我所能去学色彩和服饰方面的知识，尽量以适合我的方式去穿衣服。主动地去交朋友，我参加了一个社团组织。他们让我参加活动，开始我吓坏了。可是我每发一次言，就增加一点勇气。今天我所有的快乐，是我从来没有想到可能得到的。在教养我自己的孩子时，我也总是把我从痛苦的经验中所学到的教给他们：'不管事情怎么样，总要保持本色。'"

世界上最可怜、最痛苦、最不幸福的人，莫过于那些迷失自我的人。一个人放弃了矫饰成为真正的自己时，他的满足与轻松是无与伦比的。许多人终生过着化装舞会式的生活，他们戴上各种面具，希望避开他人的责难。他们把真实的自我深锁在面具之后把它当做令自己害怕的黑暗秘密。

有些人终其一生始终隐藏着自己的真实面目，脸上戴的面具使自己远离了真实的生活。弱者往往戴上自尊自强的面具以掩饰他们容易受伤的弱点，对自己的美貌感到骄傲的女人往往戴上冷漠的面具以掩饰她渴望受宠的需求，认为自己失败的男子常常戴上自夸的面具大谈他的成功史，渴望早点嫁人的女孩却偏要假装她从未想到结婚这件事。面具有时能保护你，也会让你和诚实的人隔离。戴上面具后，我们就必须为了这个虚伪的东西而使本不完美的自己力求完美。为了痛痛快快地享受生活，我们还是应该尽量摘下面具，保持自己纯真的一面。

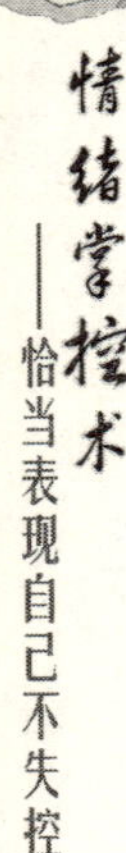

走自己的路

我们每个人都有自己的思想，自己的个性。你可以在下雨天一头冲进雨中，去享受雨所带给你的幸福与快乐。即使别人说你是疯子又如何，你可以不去理会。你可以在不开心时放声大哭，即使别人一脸茫然又如何？不要想着别人会怎样看自己，不要让别人的嘲笑、讽刺、轻蔑成为你的绊脚石。你不用故意去包装自己，那样只会显得很虚伪，也会活得很累。活出自己的本色，走自己的路，让别人去说吧。

懂得欣赏自己

人们似乎习惯于欣赏别的人和事，有些人消极地自惭形秽，有些人盲目地东施效颦，却很少有人欣赏自己。人要学会欣赏自己，不管自己活得伟大还是渺小，也不管自己长得美与丑，我们都要学会欣赏自己，而不是对自己百般挑剔！欣赏自己，才能不断完善自己。欣赏自己，才能让自己的闪光点灿烂起来。欣赏自己，才会发现那份真正属于自己的美。懂得欣赏自己，人生才能过得精彩。

勇于承认缺点

每个人都有缺点，大多数人都不愿承认自己的缺点，听到别人对自己有负面的评价，第一时间努力做解释、辩驳，而不是去检讨改进。面对自身的缺点，与其狡辩、否定，还不如勇敢地承认，做一个大智之人。

微笑面对生活

人的一生中总会有很多无奈，但生命不是用来寻找答案，也不是用来解决问题的，它是用来愉快生活的。改变你能改变的，接受你不能改变的。有一些事情是我们再努力也无法改变的，那就学会接受吧！这也是你走出来的路，也是人生的一种收获。

生命是属于自己的，人就要为自己而活，活出真性情，活出真本色。能活出本色的人，便是精神上能超越自我的人，也就是大英雄、真名士了。寻找自我，保持本色，成功的人大都如此。

第九章

平复悲痛，笑对不幸与苦难

心中有一颗太阳

如果世界上没有痛苦多好。毕竟假设不能成真，几乎所有的人都是被一个一个的痛苦牵引着走完了一生。我们真的不可以拥有没有痛苦的世界吗?

韦健16岁时，哥哥出了车祸去世了。霎时，他的大脑里一片空白，自此精神崩溃了。失去亲人的痛感压迫着他的心，他沉默寡言，不再有欢容笑颜。在韦健看来，欢乐是别人的，悲伤痛苦如栅栏一样牢牢地锁住自己，孤寂如同衣衫一样裹着他。他没有朋友，没有任何交往的欲望。在静默中，他想到过死。

终于有一天，他蓦然醒悟，才明白自己为什么活得如此苦累，这一切又是多么幼稚。逝者如斯，对待死者最深切的慰念，除了在坟上哭哑嗓子，还有更重要的，那绝不是人为地构筑堡垒，制造忧伤，而是直起腰来，挺身前行。

后来，他交上了女朋友，不久又分手了。韦健没有痛不欲生的感觉，他已经学会了选择坚强，学会了换个想法去考虑问题，不再封闭自己的感情，不再封闭自己的世界。

在生活中，每个人都可能遇到这样或那样的不幸。你一定要注意，这一切对你都不重要，对你都不会构成致命的创伤。最致命的创伤来自我们自己心灵深处，是我们的心灵导致我们绝望。

假如你背对着整个世界，整个世界也会背对着你。如果我们能够以恰当的态度对待命运，命运也就不是那么可怕了。换一个角度想问题，就会豁达起来，发现原来什么都没变：阳光依旧照耀着你，月光仍然爱抚着你。

一天下班后，我乘中巴回家。车上的人很多，过道上站满了人。站在我面前的是一对情侣，他们亲热地相挽着。女孩背对着我，从背影看上去她很标致，高挑、匀称、活力四射，她的头发是染过的，是最时髦的金黄色，她穿着一条今夏最流行的吊带裙，露出香肩，是一个典型的都市女孩，时尚、

前卫、性感。

他们靠得很近，低声絮语着什么，这位高个子女孩不时发出欢快笑声。笑声不加节制，好象是在向车上的人挑衅：你看，我比你们快乐得多！笑声引来许多人的眼光我发觉到他们的眼神里有一种惊讶，难道女孩美得让人吃惊？我有一种冲动，想看看女孩的脸，看那张倾城的脸上洋溢着幸福会是什么样子。但女孩没回头，她的眼里只有她的情人。

后来，她们大概聊到了电影《泰坦尼克号》，女孩轻轻地哼起了那首主题歌。女孩的嗓音很美，把那首缠绵悱恻的歌处理得很到位，虽然只是随便哼哼，却有一番特别动人的力量。我想，只有足够幸福和自信的人才会在人群里肆无忌惮地欢歌。一个从内到外都极为暗淡孤鸿无侣的人，怎么会有这样旁若无人的欢乐歌声？

很巧，我和那对恋人在同一站下车，我想看看那女孩的脸。我大步流星地超赶上他们并回头观望时，我惊呆了。那是一张被烧坏了的脸，用“触目惊心”这个词来形容毫不夸张！我真搞不清，这样的女孩居然会有那么快乐的心境。多么让人钦佩的一个女孩，经历霉运，还有那么好的心情，恐怕只有天使才能做得到吧。

上帝常常用苦难来考验人类，我们也可以将厄运还给上帝，选择微笑，做一名天使。笑对苦难，它最终也将会向你露出微笑。如果让灾难主宰了我们的心灵，那生活就会永远地失去阳光。在最痛楚无助最孤立无援的时候，我们要学会送自己一束鲜花，给自己一个明媚的笑容，怀着美好的情感和吉祥的愿望活下去。

心中洒满阳光

苦难，在人生中是不可避免的经历。我们知道有毅力的人，就能战胜苦难，然而在苦难中，我们该如何保持那一份毅力来战胜困难呢？当你痛苦时你要想这痛苦也不是永恒的。再黑暗的岁月，只要心中充满阳光，我们依然可以守住希望。只要心中洒满阳光，人生就不会一片黑暗。

坦诚接受事实

为什么老是在伤痛，是因为我们看不清楚事情的本来面目，一相情愿地沉浸在自己的幻想之中，不断地轮回。只有我们勇敢地打破幻想，才知道我们要到达的目标。只有接受事实，我们才能坦诚地去面对苦难，脚踏实地地去解决问题。苦难并不可怕，接受了事实就能在苦难面前保持一个良好的心态。

释放心中的伤痛

处理问题，我们要理智，但我们是有血有肉的人，是有感情的动物。我们需要承认这一点。所以，当我们痛苦了，就要释放心中的情感，让我们的心恢复平静，只有心中是平静的，才能感受到美好，走向希望。

一定要站起来

打击和痛苦如同一个拳手受到重创而倒地，此时拳手必须告诉自己一定要站起来，否则就是等死。站起来一定要站稳，否则相当于给对手做了一个很好的活靶子，再次受重创是注定的，大多时候这个对手就是生活中我们遇到的挫折和打击。假如一个人一直不愿意打起精神，那么等待他的将是接二连三的打击。我们不是为失败而生的，跌倒了要重新站起来。

人类的心灵生活中有许多快乐是可以轻松获得的，当我们在苦难中挣扎、搏斗的时候，就不能追觅快乐了吗？我们经历苦难的意义就在于这苦难本身，它是一种过程，一种使我们认识生活，超越生活，回到生活的过程。在经历了这样的过程以后，我们就能忍受生活的苦难，蔑视苦难，接受苦难，热爱苦难。如果我们要生活，热爱生活，就要这样，从中我们可以得到生活的乐趣，这乐趣不仅来自战胜苦难后的欢乐，不仅来自经受苦难磨炼之后变得坚强的快慰，它更来自于我们在超越了苦难之后与它和解时产生的平静和喜悦。这意味着我们在生活中获得了自由。

生命会找到出路

人生总会遇到迷茫和痛苦，很多人为之彷徨：我的出路在哪里？有的人在迷惑中找到了出路；有的人在痛苦中选择了绝路，放弃了自己的生命。人世无常，充满苦难，如何寻求解脱苦难的出路？

诗云："人生奔走万山中，踏尽崎岖路自通。"莫说险峰无通路，敢于攀登高峰的人总能找到出路。命运之神总是宠爱勇士，生活强者也总能将挫折转化为财富，把困难当动力，视拼搏为快乐，在他们的眼里没有上不去的山，没有跨不过的海。

失聪的南非游泳选手帕金，在悉尼奥运男子二百公尺蛙泳中，奇迹般地摘下一面银牌。游泳选手都是在鸣枪后跃入泳池，但是耳聋的帕金是如何判断跳水时间呢？原来，大会允许帕金的教练希尔在起跳台附近执一个闪光装置，枪响时希尔同时按动按钮，帕金看到了装置上的红灯亮起旋即起跳。

喜好游泳的帕金是在一个偶然的机会被教练希尔相中的。优异的天赋加上苦练，帕金迅速在南非泳坛崭露头角。对于帕金来说，失聪并非全然坏事，因为他可以不受比赛现场的噪声干扰，专注于自己眼前的水道。

残障不是借口，挫折不是险阻，失聪者可以获得选美小姐，也可以夺得奥运奖牌，残障者甚至可以当总统。美国的罗斯福患上"腿部麻痹症"后走进白宫成为美国总统，日本的乙武洋匡四肢残障却成为知名作家，瑞典的玛莲娜没有双手却成为举世闻名的歌手。

还有莫德克，他是美国棒球界历史上最伟大的投手之一。他从小就决心要成为棒球联盟的投手，上帝并没有因为他的决心就将幸福降临到他的头上。他小时候在农场做工时，不小心手被机器夹住，失去了右手食指的大部分，中指也受了重伤。

对于一个投手，失去手指意味着什么?！成为全美棒球联盟最好的投手，在这个事件之前是完全可能的。可现在，手变成这样，这个梦想好像永远只能是梦想了。可是这位少年不这样想：他完全接受了这个不幸的事实，尽自己最大的努力，学会用剩余的手指投球，终于成为地方球队的三垒手。

有一天，莫德克从三垒传球到一垒，教练刚好站在一垒的正后方，看到旋转的快速球划着美妙的曲线进入一垒手的手套里，惊叹道：“莫德克，你是天才投手。球控制得太出色了，球速也快。那种会旋转的球，任何击球手都会挥棒落空的。”正是受伤的变短的食指和扭曲的中指，使球产生了如此与众不同的角度和旋转。

莫德克投的球速度快，又有角度，上下飘浮，然后进入捕手手套的中央，击打者对此都束手无策，莫德克将击球手一个个三振出局。他的三振纪录和成功投球的次数都很了不起，不久他便成为美国棒球界最佳投手之一。

电影《侏罗纪公园》中有一个片段：园主告诉男主角，园内所有恐龙都是母的，它们不会繁殖。但他忽略了当初修补恐龙的DNA链时，把一种青蛙的DNA片段嵌入其中，这种青蛙具有雌雄互变的能力。当男主角在野外发现已经孵化的恐龙蛋时，意味深长地说：“生命会自找出路的。”生命充满奇迹，具有灵性的人类不更应该珍惜我们的生命吗?

生命是奔放而且不受限制的，任何人都可以为自己找到一条活路，上帝让人在某一方面缺乏，必在另一方面补强。人的一生，难免会因为疾病、贫穷、战争或天灾人祸等原因而遭受挫折，能够克服困难，不向恶劣环境低头的人，到最后一定会获得成功。

寻找生命的价值

真实的世界，是一个不完美的世界。世界有阴暗也有光明，人生有欢乐也有苦难，在敢于应对挑战的人那里，真实的世界恰恰是一个富有的世界，总能找到希望！艰难突出生命的可贵与不凡，唯有经过磨炼的生命，才能累积出坚强的生命力，也唯有历经风风雨雨的人，才知道生命的难得与珍贵。人的生命历程就是生命磨炼的过程，没有对苦难的挑战也体会不出生命的甘甜。苦难是对生命极限的挑战，而生命存在的价值往往体现于对苦难的超越。生命价值高于一切价值，你要爱自己，接受自己，找到你生命的价值。

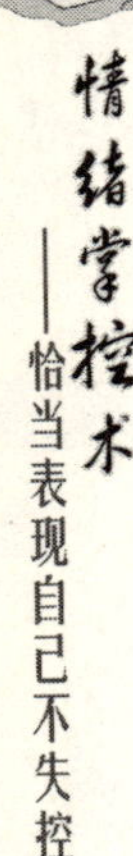

天生我材必有用

苦难是人间最好的大学，但重要的是如何在逆境中充满自信地奋发进取。人生阅历，正面的居多，人生的教诲，善良的居多，这些东西都构不成对人生的考验，唯有折磨具备这种恶质。经此一番挣扎磨炼，人没有颓废，反而更加精神了，这样的生命才走向了美丽。苏格拉底说："每个人身上都有太阳，问题是如何让它发光。"如果用信念做催化，那么这太阳必会发出熠熠光辉，带领我们走出人生低谷，带领我们实现自己的价值。

保持生命的沉着

人生最重要的不是以你的所得做投资，因为任何人都可以这样做。真正重要的是如何从损失中获利，这才需要智慧，这才显示出人的上智下愚。遇到苦难和不幸，不悲观，不气馁，豁达大度，不钻牛角尖儿。坚定和勇气，才是希望的光与对未来信念的来源。历经苦难洗练的心灵，更丰满，更坚韧。让生命在苦难中起舞吧！

幸运和灾难都是生活中的常客，避开折磨是生命的最佳选择，一旦躲避不开，就让折磨变作美丽人生的养分，此亦是生命的最佳选择。不幸和困难不能遮掩生命的光芒，反而给我们锻炼出了良好的情感智力。在吃尽了苦头之后才能这样坦然地面对生活，多承受点苦难，也许是一种幸福。

承受生命之重

捷克作家米兰·昆德拉说："一切重压与负担，人都可以承受，它会使人坦荡而充实地活着，最不能承受的，恰恰是轻松。"生命的过程不全是轻歌曼舞、雅阁品茗，还会经历种种磨难与不幸。生命的意义在于负重前行，磨难与不幸会成为你最宝贵的财富，让你变得更有韧性。

著名作家史铁生在 21 岁那年，突然因一场大病导致双腿瘫痪。这种打击对一个血气方刚、四肢健全的年轻人来说实在是太大了。当时的史铁生对自己的人生感到渺茫，极度灰心，甚至都有了轻生念头。最终史铁生战胜了人生中的这一重大苦难，以更大的热情投入到生活中去，不断努力地向自己的人生目标挺进。他成功了，成了著名作家。

邰丽华从小双耳失聪，一直生活在无声世界中。这对于一个思维正常的人是一个巨大的苦难。她无法欣赏优美的歌声与乐曲，无法感受到大自然有声的奇妙，这是常人难以接受的。让人惊讶和欣慰的是，她不仅没有消沉下去，反而对生活充满了信心，每天都把微笑挂在嘴边。经过无数次的练习与刻苦训练，她带领其他聋哑人创造的舞蹈受到了观众的一致好评，得到了专家们的一致肯定。她主创的《千手观音》上了2006年中国春节联欢晚会。

人最宝贵的是生命，它给予我们的机会只有一次。人间本是炼狱，我们生存于其间，当有承受生命之重的勇气。要勇于直面生活的雨雪风霜、艰难困苦，勇于接受生活的考验。

高尔基说："苦难成就了我一生的梦想。苦难，再完善的人生也需要经历这个过程，苦难是人生的历练，是处世的基础，是人生的玫瑰。"莎士比亚说："我从苦难中来，它教会了我坚强、不屈和平和。"人们常抱怨人生的艰难困苦，须知苦难方能成就一个完整的人。谁都曾经有过苦难，从苦难中来，活得会更坚强，活得比他人会更好。苦难锻造出了人生应对困难的历练之剑，一把可以破开一切阻碍的剑。

人生路上，前方的困难还很多，多到看不到尽头，回头看，身后的苦难早已变作应付将来的经验，便没有什么害怕的，因为苦难已经威胁不到你前进的路，只会把剑锻造得更加锋利，只会使得面对更多苦难时更加得心应手。

一个人面对苦难时的无所畏惧，正是来自于更多的苦难。苦难曾使我们遍体鳞伤，但是它同样给了我们抵御更多苦难时的坚强，心中无所畏惧，苦难便不是苦难了。苦难凝聚成了人生面对一切的平和之心。当然，历练之剑、平和之心，只是一种精神上的财富。如果一个人连面对苦难的勇气都没有，那么他便什么都没有。

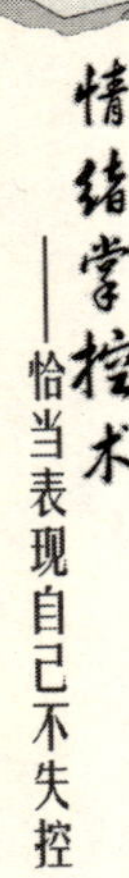

挑起人生重担

苦难是人生中不可避免的，从受到苦难的那一刻起，我们便挑起了一份责任。人生的重担锻炼了我们的生存和承载能力，给了我们人生的意义和乐趣，让我们的脚步更加坚实。人生中承载的重担蕴涵着人生的价值，勾勒着人生的美丽。人生肩头能够挑到最后的，就是我们最终所能拥有的财富。生活中的重担是我们人生旅途中背负的黄金，当我们到达人生晚年的时候，它可以让我们衣食无虞；生活的重担也是我们人生中的拐杖，当我们两条腿站不稳的时候，它为我们支撑起新的世界。负重的人生会硕果累累，负重的人生会更加充实，负重的人生也会更加美丽。

演好你自己

苦难的发生，从来不以人的意志为转移。一次次的苦难的历练，锻造了我们坚忍不拔、顽强斗争的意志。苦难是一种考验，也是一种提醒。正常地看待这一切，享受你的人生，找到你在现实中的价值。人生只是一出戏，我们每个人都是这出戏中的一个演员，演好自己的角色，到了谢幕时你会轻轻地说一句我该退场了。不要有遗憾，保持好一个轻松的心态，不要沉醉在一个事件中无法逃离，记得做一个生活的强者。

不同的人有不同的接受苦难和应对苦难的方式，结果也是截然不同的。朋友，不要害怕重负会向你压来，不要担心苦难会向你袭来，人生因负重而坚强，生命因负重而精彩，让我们勇敢地去迎接挑战！

关闭你身后的门

小芬和他在一起有六年了。记得第一次见他时，小芬就有那种天地间只剩下两人的感觉，现在依然清晰。六年来，他俩吵吵闹闹分分合合，一路走来。直到小芬发现他在与另一个女孩搞暧昧，盛怒之下大吵一架，然后两人分手了。

然而，小芬很不适应分手后的生活。她开始反思自己的缺点，觉得自己脾气大，太强势，不够温柔，不会关心人，喜欢有事没事地找点儿事，做事太自我，很少想到他的立场，喜欢黏着他。小芬对自己说："他是好人，不能因为他的心不在我这里，就否认他是一个好人。"

小芬尝试着把过去忘掉，忘了他。可是她办不到。听人说，去接受别人就会容易忘掉以前。她试着去这么做了，和别人在一起时就会觉得很心烦，脑子里不停地出现前男友的身影，挥之不去，还会情不自禁将前男友和现男友进行比较，比较出差距来。她常常夜里梦到前男友，因此拒绝了很多交友的机会。

小芬觉得自己完了，掉进前男友的深渊爬不出来了。尽管两人已经一年没见面了，小芬还是经常梦到他。朋友问她：他有那么好么？小芬一时回答不上来。只是感觉这辈子没有了他，自己再也不会谈恋爱了。她陷入了深深的痛苦之中。

哲人说："记性不好的人，永远觉得生活清新有趣。"有时，我们苦恼，是因为我们的记性太好。想要快乐，就要学会忘记。背负着过去的痛苦，夹杂着现实的烦恼，这对于人的心灵而言是没有任何益处的，反会造成厌倦和悲观的生活情绪，与其这样，超脱地忘掉不也是一种幸福吗？

人生在世不可能万事顺利，每个人都会遇到痛苦、挫折乃至不幸，这样渐渐地就形成了情绪。如果总是处理不好情绪，必然会给自己的生活带来负面影响。为了提高我们的生活质量、调整和改善精神状态，我们必须学会忘却。

曾任英国首相的劳合·乔治，有一天和一位朋友散步。每走过一道门，乔治都要小心翼翼地把它关好。那位朋友说："你用不着关这些门呀。""唔，应该的，"乔治说，"我这一辈子都在关闭我身后的门户。这是必须的。当你关门的时候，所有过去的事都被关在后面了。然后你就可以重新开始，向前迈进。"

也许你昨天经历过一些痛苦的事情，但是你应该尽快忘掉那些事情。明天是崭新的一天，明天要好好地开始，使你的精神昂扬振奋，不至于因为过去的痛苦而成为未来的累赘。做一个随时关门的人，过完了一天就关闭一道

门，把过去的事情统统忘掉。脑子的作用不仅仅是帮助我们记忆，而且帮助我们忘却。我们要不停地对自己不健康的情绪进行清理和调整。

聪明人不会为自己的情绪所困扰，他通常能够把烦恼的往事放在一边，而让愉快的心情时时陪伴着自己。事实上，人们也只有这样，才会有旺盛的精神与体力去学习、生活、工作。忘却，对痛苦来说是一种解脱，对疲惫来说是一种宽慰，对自我来说是一种升华。忘记了痛苦，也就没有了痛苦，人就会变得开朗了，好像被乌云掩盖的天，突然湛蓝了起来。

忘记了憎恨，也就远离了憎恨。当心灵不因为憎恨而蒙蔽，当所有的一切变成过眼云烟，人就会轻松起来，宽恕了别人也解救了自己。忘记了情忘记了爱，也就忘记了一切不愿意记忆的东西。当为爱一个人在苦苦挣扎的时候，当为了一段感情在无奈彷徨的时候，忽然的忘却该是多么大的一种幸福。

学会忘却，我们的生活将会少一份沉重，多一份轻松；少一份抱怨，多一份释然与快乐！对于每个人来说，每天都是生命的新开始。生命之所以可能，之所以快乐，是因为有忘却。

当然，并不是每个人都能做到这么的洒脱，每个人都能真正的忘却！曾经爱过、伤过、痛过的日子永远磨灭不了，时间的推移增加了记忆里的痛苦，使得痛苦更清晰，使得心更憔悴，使得爱变恨，情变怨……但是，你想过没有，假如你不忘却它们，自己的灵魂就会被它们一点一点地腐蚀，因而变得憎恨、怨愤，甚至造成自己精神的崩溃，陷自己于疯狂。当你一旦忘却了它们，你的人生观、价值观就会减少偏差，你就能切身感爱到“忘却”有如一片树阴，使整日忙忙碌碌的人们，在感到燥热疲倦之时，可以有机会休息，并且经过一定的调整，使生命恢复活力。

人的记忆力应该像面筛子，不断地筛选，筛掉的是糟粕，留下的是精华。我们要善于忘记过去那些不该记住的东西，保留那些有益的美好的回忆。那么，我们该如何忘却呢?

拿得起放得下

人生最大的不幸，并不是你遭遇何种灾难，经历何种伤痛，而是你抱着苦难的石头永不放下！生活中要学会糊涂一点、淡化一点、宽容一点、朦胧一点，及时地、经常地将过去的东西从大脑的“回收站”中清除，不让这些不必要的东西占领我们大脑的空间。如此，我们就可以拨开眼前的云雾，卸去心灵的枷锁，从平凡的生活中体会一种轻松如风、畅快淋漓的感动，体味一种云开雾散的豁然开朗。

过好今天的生活

昨天的毕竟是过去了，不会再回来了，明天的还是将来，无法预知，我们珍惜的只能是今天。人生就那几十年，分分秒秒赛黄金！为什么我们不能宽宏坦荡地对待我们自己，对待我们短暂的人生呢？人生之路毕竟是向前延伸的，一味地活在不会重新来过的过去里，生活会把我们抛弃。

保持理智清醒

被痛苦纠缠永远是痛苦，只有从痛苦中解放，才能释怀，才能放松，才能奔放。所以每个人确实需要很理智地忘掉痛苦。世上的事，无论快乐还是悲伤，都将成为过去！明白了个中道理，就能够控制好自己的情绪，能够将快乐和悲伤两种完全不同的情绪在心中自由转换，始终保持理智清醒的状态。

人生没有过不去的事，只有过不去的人。与其沉溺在过去的痛苦中，还不如潇洒地与过去挥手告别，更好地面对现在的生活。没有宝贵的财富，还有珍贵的爱情；没有珍贵的爱情，还有美妙的青春；没有美妙的青春，还有健美的身体；没有健美的身体，还有纯净的心灵……苦难并不是可以升值的古董，忘记它吧，太多的痛苦回忆只会让你的短暂人生迅速贬值。忘记苦难，我们就不再会为之蓦然回首。让陈旧的气息随风而逝，只有这样才能让自己轻装上阵，感受生活中的美好和新鲜，才能找到自己的幸福。

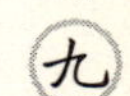

人生只能向前走

谢维健原是一家网络公司的销售经理。一个月前，他开车去跟一个老客户谈一笔大生意，半途中不幸遇到了车祸。肇事司机见闯了大祸驾车逃逸，一个好心人把谢维健及时地送到了附近一家医院。经过医生的诊断，谢维健的双腿只有百分之一恢复的可能。看样子他下半生注定要在轮椅上度过了。

谢维健的妻子莫娅丽是一家食品公司的生产主管，夫妻非常恩爱，他们有一个5岁的儿子。莫娅丽不愿意接受这个残酷的事实，她暗暗作出决定：只要丈夫有百分之一恢复的可能，她就要做百分之一百的努力，让丈夫尽快好起来。

谢维健所在的公司送来了一笔数额不多的安慰金后，就不近人情地跟他解除了雇佣关系。那点钱对谢维健来说简直是杯水车薪，面对丈夫高昂的医疗费，莫娅丽不得不把家里多年的积蓄都拿了出来解燃眉之急。丈夫跟各种药品打交道的时间还长着呢，她必须努力工作挣更多的钱。

真是祸不单行。这时，莫娅丽的总经理给了她一个任务：让她接管业绩一直呈下滑状态的销售部，任命她担任销售经理，要求她必须在半年内把公司的销售量翻一番，如果完成不了任务就让她自动辞职。

看着不懂事的儿子以及这个伤痕累累的家，莫娅丽的心都快要碎了。她感觉越来越压抑，令她喘不过气来，一切都来得这么突然，事先没有半点征兆。她心乱如麻，手忙脚乱，不知所措，不知道该怎样去面对发生在她身边的没完没了的困难和接连不断的麻烦。

深夜了，莫娅丽还没有睡，屋里孤独的灯光伴随着孤独无助的她。莫娅丽已经这样几天了，儿子熟睡后她就坐在桌子前思考以后的生活该怎么过？前天，她在笔记本上面写道："你没法逃避现实生活中一些令你感到痛苦的事情，但是你可以让你的生活尽量多一些快乐。"昨天，她在笔记本上面写道："工作比生活变化得更快，用享受生活的积极态度去对待工作，你会迎来更好的生活。”今天，她坐在台灯下想了想，然后在笔记本上面写道：“积极地面对困难，并想方设法解决它，你将发现困难会给你让路。”

莫娅丽接管了公司的销售部门。她知道自己已经别无选择，她不能逃避，只能迎难而上，尽自己所能带领大家走出困境，并取得更好的业绩。为了丈夫和儿子，为了她自己，为了这个家，她必须放手一搏。

这个世界好像从来都离不开痛苦。天灾人祸、生离死别、恩怨情仇、失败成功等时时刻刻有如蛛网一样地纠缠交织在我们心头。在某些特定的情景中，坚持活下来比毅然赴死需要更大的勇气和更坚韧的内心承受力。只有在希望中，某一时刻的绝望才不会变成自杀的毒药，特定的苦难才不会把人变成喋喋不休的怨妇。只有哀怨而没有希望，便无从在苦难中发现意义，无法将消极的苦难变成积极的生活动力并从中汲取人性的滋养。生存的勇气唯有希望才能给予，不理解希望也就不理解人的存在。

善于生活的人，必定善于面对不幸。生活容不得半点虚假，亦不能退却。一时的退却或许是明智的选择，而人生更多的是争取先前。当生命无法倒退时，唯一的选择就是向前进。

有一次我臂下夹着皮包，匆匆走过一个公园。突然，哭声吸引了我的目光，一个仅仅几岁的女孩，头穿过公园的两根铁丝栏杆中间，怎么也回不去。看着那小小的痛苦的脸，许多人围了过去。我和一个男人用力把铁栏杆向两边拉，希望能使小女孩的头退回去。一个老太太也凑到近前，更有几个年轻人寻找着退回去的最佳角度。时间静悄悄地流过了，其他人在一旁呆呆地瞧着。当一切无济于事的时候，有人提出锯断铁栏杆的想法。就在这时，刚刚走过来的另一个男人大声喊道：“这时候别再想退回去了，小孩的头能过，身就能过，向前试试吧！”

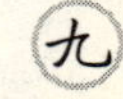
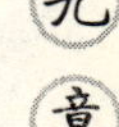

这件事给我留下了深刻的记忆。生活中，烦恼会不时袭入我的心头，仿佛暗夜行路，这时“向前试试吧”的想法总会伴我同行，就像林外星空，柔柔的，使我壮起胆子去走一条属于自己的小路。

激发生命的力量

苦难本身并不一定使我们变得坚强，也可能使我们更狂躁、更消沉。使我们变得坚强的，是我们面对苦难的心，当我们能够正视苦难，明白苦难的

含义，我们才会从苦难中学会更多，获得成长。在伤痕、悲痛、泪水之外是沉思、坚强、希望，是人性新光辉，是精神新境界，生活新梦想。越是苦难越是坚强，越是磨难越是向前。我们要走出悲痛，走出灾难，满怀希望前行。

积极地行动起来

苦难已经使我们很受伤，但我们不能陷在悲观的光景中。我们要从苦难中得到益处，这需要对苦难抱一个积极的态度。要对生活有信心，这信心能成就大事。我们要有积极的心态，要有积极的言语，还要有积极的行动。做一些有建设性的事情，你的头脑会变得清晰起来，心理状态也会逐渐好转，情况就能得到改善。你知道祸福相依的道理后，一切事情看起来都不再那么糟糕。消极的态度所产生的无力感，被积极的态度和行动完全清除了。

相信你的未来

即使是积极的人，有时候也会意志消沉。可是有积极态度的人，能锻炼思考力和精神力，无论在何种情形下都不会失去自己的思考方法。他不是用感情，而是用理智约束自己，虽然偶尔也有意志消沉的时候，但他能以理性、健全、客观的态度克服失望，处理失望。同时，对任何失败都不会完全失望而放弃，他会忘记失败再度去挑战。你要坚信自己的未来，相信自己本身。

人生就是在苦难中艰难前行，在苦难中搏击成功。这个世界上，没有什么能让你倒下，如果你自己的信念还站立着的话。即使在最困难间，也不要熄灭心中信念的火把，一切都会过去的，终将会过去的。人生只有突破自我，才能焕发出独特的光彩，否则人生的意义就不复存在！

想开了就是天堂

有一段时间，王丽失恋了，很痛苦。她决定去旅游，忘掉伤心事。在九寨沟，她欣赏着美丽的风景，隐隐的伤痛还是在心底波动。不经意间，她看到一只小蜜蜂正在一朵鲜花上采蜜。那一刹那间，她脑子里电闪雷鸣般地出现了一句话："枯萎的鲜花上，蜜蜂只能吮吸到毒汁。"当然，大自然中的小蜜蜂不会这么做，只有人类才这么傻。这一刹那，她顿悟出了放弃的道理，不再听凭痛苦的折磨。

多数人的一生都会经历或多或少、或大或小的痛苦，有的人在痛苦中前行，活得很好，用苦难砥砺自己，激发心中的斗志；有的人遇到痛苦就一蹶不振，自怨自艾。西方人说："同一件事，想开了就是天堂，想不开就是地狱。"

我们常常会与痛苦不期而遇，失去至亲是一种痛苦，失恋是一种痛苦，相思是一种痛苦，疾病缠身是一种痛苦，名誉扫地是一种痛苦，不得不与讨厌的人打交道是一种痛苦。歌德说："生活，总会充满苦难。除了上帝，还有谁能找我们算账呢？"越是痛苦的时候，越是要想开点。苦恼也是无济于事，反倒增加自己的痛苦，倒不如把握自己的情绪，让自己的每一天都充满阳光和激情。

话剧演员波尔赫德的戏剧舞台生涯长达50多年，风靡全球。当她71岁时，突然破产了。更糟糕的是，她在乘船横渡大西洋时，不小心摔了一跤，腿部伤势严重，引起了静脉炎。医生认为必须截肢，他不敢把这个决定告诉波尔赫德，怕她忍受不了这个打击。波尔赫德注视着这位医生，平静地说："既然没有别的办法，就这么办吧。"手术那天，她在轮椅上高声朗诵戏里的一段台词。有人问她是否在安慰自己。她回答："不，我是在安慰医生和护士。他们太辛苦了。"后来，波尔赫德继续在世界各地演出，又重新在舞台上工作了七年。当人们惊诧地问她其中的秘诀时，她笑着说："我养成了一

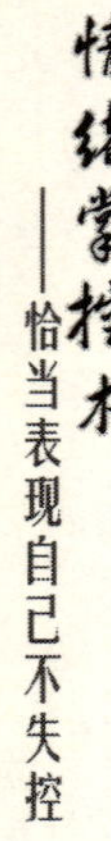

种习惯，凡事想开点就行了。”

人生不如意事十之八九，凡事要想开点，不管遇到什么烦恼苦难，都要正确地因势利导，养成这样的习惯对你极有好处。烦恼就是束缚，使你不自在。我们生在人世间，必须学会接受现实，虽然有时候现实很残酷。

许多人都有这种愿望：有生之年，顺顺利利地度过每一天。可现实却是残酷无情的，它常会猝不及防地给我们一击，把我们伤得好深、好痛，让我们一时不知所措。这就要求我们学会自我调节，学会适应环境，化解一切不幸和痛苦。

世事难料，人生无常。也许你苦心经营的事业会被突如其来的一场灾难毁于一旦；也许你正精心安排着你的前程，精心设计着你未来的美好蓝图，一场大病却彻底改写了你的人生；也许你本来就体质虚弱，你想实现壮志雄心，却是力不从心；也许你激情满怀，理性不足，盲目投资，不仅惨败，不经意间还花去你十年青春……让你彻底感觉人生的无奈。这个关键时刻，你更需要有随遇而安的心态。

有勇气转化痛苦

痛苦总是相伴在人生中，快乐亦是贯穿于人生的过程。每一个人都想拥有快乐，对于伤痛、无奈、苦难，我们要有承受和化解的勇气。苦和乐是相互作用的一对矛盾，可以相互的影响和转化。在精神的世界里，苦和乐是变幻的，彼此渗透着。遇到痛苦的时候想开点，看开些，用你的人生阅历，用你的智慧，用你的修养，用你的处事之道，来化解痛苦，让烦躁的心平静下来。

稀释你的痛苦

人生的痛苦如同盐，我们承受痛苦的容积的大小决定痛苦的程度。当你感到痛苦的时候，就把你承受的容积放大些，不是一杯水，而是一个湖。你的人生就像一个湖，你的痛苦就像一把盐，想到你今后还有漫长的、丰富多彩的人生，痛苦就会减轻多了。不幸和痛苦的时候，心灵需要与世界有更多的联结和沟通。你与外界联结越多，苦难消解得就越快。当你敞开心扉的时候，风就吹走了你的烦恼，雨就稀释了你的忧愁。当你封闭了自己的心门，你也就把自己的苦难包裹起来了。

选择快乐

生活中不愉快的事情太多了，人一定要学会适应。越是痛苦的时候，越是要想开点。苦恼是无济于事的，反倒增加自己的痛苦，倒不如把握自己的情绪，让自己的每一天都充满阳光和激情。任何人的生活中都有他该有的不幸，也许这就是人与人之间所谓的公平。这个世上没有永远的倒霉者，当然也不会有永远的幸运者。这个世界，只有自己才能伤害自己，而不是别人。一切痛苦的根源原本都来源于自己，来源于自己的选择。如果你修养够，懂得选择，懂得面对，谁还能让你痛苦？

用时间疗伤止痛

上帝不会偏袒任何人，每个人一生中遇到的不幸是大体相等的。时间可以解决一切问题，也会抹去一切伤痛，时间是最好的解药。人不能总陷在一种状态下，时间是一种变化，不断给自身新的体验，而自己在慢慢地接受与拒绝中忘却什么，接受新的就总有一些会被自己忘却。也许，在未来的某个时候，自己因受伤而残缺的部位会被新的事物所替代，于是时间便治愈伤痛。当悲伤的时候，尽情地去悲伤，谁都有不如意的时候，但要想着调整自己，不要一直沉沦下去。

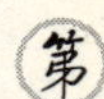

心结困顿了我们的心灵，破坏了我们的情绪，让我们看不到身边的美景，享受不了人生的快乐，徒然增添了许多不必要的烦恼。人生如果背负太多的东西，就不可能走好，也不可能走远。放下心结，你才能释然，也才能够体会到快乐。

生活本身就是在许多的辛苦和烦恼中存续的，人活着就必须面对各种各样的痛苦，从痛苦中了解人生的真谛，从困难中取得生存的经验，从愁怨中得到快乐的源泉。只要我们善于超越苦难，超越自我，就会常有欢乐。

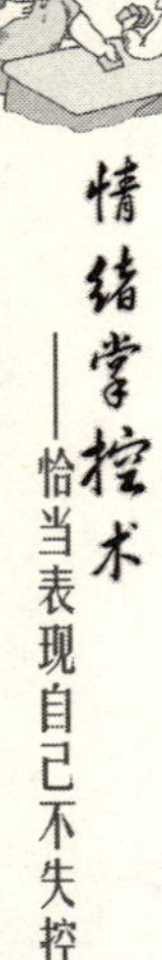

活在感恩世界里

有些人遭遇人生的不幸和痛苦，就感到活着没有什么意义，有的人郁郁寡欢，自暴自弃；有的人已经提前结束了自己的生命。生命本非草芥，缘何轻易厌世？人生中有太多需要去追寻的东西，但不是谁都明白活着的价值与意义。

生命的意义有很多种，轻如鸿毛者比比皆是，重于泰山者却又背负太多的责任。珍惜生命的人，明白自强不息中的云淡风清；抛弃生活的人，在荼毒自己的生命。无论怎样，走好我们生命中的每一步，才有可能迈向我们人生的彼岸。

孙庆华出生在一个普通的农民家庭，她 8 个月大时父母离婚了。此后，孙庆华跟爷爷奶奶相依为命。童年的生活中，物质的匮乏一直伴随着她，她的衣服大都是别人给的，也没有什么玩具。没有人愿意和她一起玩，一些人总是欺负她，她只能哭着跑回家。

很多单亲家庭的孩子都是内向孤僻的，而孙庆华从小就活泼开朗。童年的坎坷让年幼的孙庆华学会了独立、懂事和坚强。从小学二年级开始，孙庆华每天骑着自行车去邻村的学校上学，她的成绩总是班里的第一名。爷爷在两次车祸中留下了后遗症，经常会突然抽搐。孙庆华 10 岁那年，一天半夜爷爷突然犯病，她跑到爸爸家去求助，爸爸赶来救醒了爷爷。那次之后，孙庆华学会了掐人中救爷爷。

孙庆华 13 岁那年的秋天，奶奶去山上干活，在村口的路上被一辆大卡车撞伤。昏迷三天之后，奶奶去世了。孤独的童年里，是爷爷奶奶给了孙庆华无尽的爱，小时候的她整夜哭，爷爷奶奶就轮流每天晚上抱着她；没有人照顾她时，奶奶就把她抱到地头，一边背着她一边种地瓜；小时候孙庆华淘气，奶奶嘴里说要打，可伸出去的手总是故意弯着不使劲。奶奶是这个世界上最疼她的人，奶奶对于她的意义就像妈妈一样。奶奶的去世给孙庆华带来了致命打击。当时她正在读初二，一直是班里的前几名。自从奶奶去世后，她的成绩一落千丈。

孙庆华在压抑和悲伤中升到了初三。有一天，她坐着想起了奶奶，突然想到：奶奶一直叮嘱自己要好好读书，奶奶如果看到自己这样一定会不放心。那一刻她突然想通了，一定要重新开始。消极的情绪变成了积极的动力，很快孙庆华的学习赶了上来。

进入高中后，孙庆华更是刻苦学习，她的名次常常是班级前五名。孙庆华的人生信条是“天道酬勤”，在枯燥乏味的读书年代，她一直用这四个字鼓励着自己，每当有懈怠的时候，这四个字都像鞭子一样轻轻地抽打着她。

2007 年高考，19 岁的孙庆华以理科 643 分的成绩考取了上海财经大学。父母的离异、家庭的破裂、被同伴欺负的晦涩回忆、失去至亲的惨痛经历，这些不幸的经历没有成为她自暴自弃的借口，生活的磨难和坎坷给她留下的不是痛苦，而是感恩。孙庆华说：“不幸的事情不是我们能决定的，我们能决定的是自己的人生，应该对自己的未来有信心，要健康乐观地活着。”

生活就是这样，你对它笑，它也对你笑；你对它哭，它也对你哭。只要有了一颗感恩的心，你就会受益终身。在遭遇不幸时，感恩不纯粹是一种心理安慰，也不是对现实的逃避，它是强者歌唱生活的方式，它来自于对生活最深沉的爱与希望。这样你会觉得你所拥有的就是最好的，在你的眼中只有欢乐，没有忧伤和不幸，心存一颗感恩的心，即使在生命处于困顿之处，也会有清泉涌出，这才是人生所能达到的最高境界。

做生活的强者

任何一个苦难与问题的背后，都有一个更大的祝福！我们要把磨难当做一个考验来看，积极地去面对它，并及时地鼓励自己要坚持，不断朝前看。当你从心里边开始惧怕苦难时，它真的就成为了苦难，让你痛苦消沉。当你换个角度来看待的话，它就不会再是苦难，而是你人生中的一次经历，一种过程而已。强者有着坚定的信念，在苦难面前不轻易低头，而是仍然抬头相信苦难是历练自己的熔炉，能把自己百炼成钢。

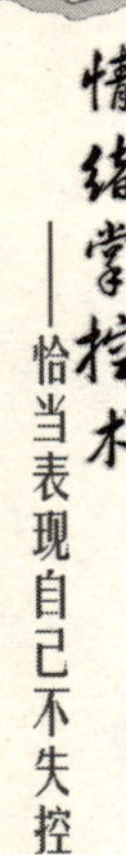

内心强大起来

人的内心储存着巨大的能量，拥有坚定信念的人，内心都是非常强大的。当苦难降临在身边的时候，当苦难已经成事实无法改变的时候，就要学会用坚强的心灵去接受它。用积极而乐观的心态来面对这苦难的生活，不要轻易就被苦难打败，时刻把握住自己的良好心态，不断告诉自己苦难终究有一天会过去。内心的强大是对未来充满希望，我们内心强大到可以战胜一切恐惧与悲观的时候，其实已经无所畏惧了，因为我们在哪里，希望就在哪里。拥有强大的内心的前提包括：接纳自己、激励自己，拥有积极的心态。在人生的道路上，我们只能不断磨炼自己，不断积累，不断思索，不断调整，逐步将自己培养成为内心强大的人。

养成感恩习惯

学会感恩，为自己已有的而感恩，感谢生活给你的赠予。这样你才会有一个积极的人生观，总能保持健康的心态。每天感恩地说“谢谢”，不仅仅会使自己有积极的想法，也会使别人感到快乐。在别人需要帮助时，伸出援助之手；而当别人帮助自己时，以真诚的微笑表达感谢；当你悲伤时，有人会抽出时间来安慰你等，这些小小的细节都饱含一颗感恩的心。一封表达谢意的纸条，一张小小的卡片，一个轻轻的拥抱，一个不求回报的小小善意，一份小小的礼物，都能表达你的感恩之心。

感恩是一个人拥有健康性格的表现。人有了感恩之心，生命就会得到滋润，并时时闪烁着纯净的光芒。保持感恩的心态将成为我们创造更好生活的强大力量。让我们常怀一颗感恩之心，活在感恩的世界里，在感恩的氛围中感受幸福。